47都道府県

知っておきたい

気象・気象災害がわかる事典

47 Prefectures

Weather & Meteorological Disaster

Ryohei Misumi

三隅良平

ベレ出版

はじめに

テレビなどで気象災害の報道を見て、「もし自分が災害にあったらどうしよう」と思ったことのある人はいませんか。

とくに家族や親戚に小さなお子さんがいる人は、「この子が災害に巻き込まれることはないだろうか」と心配になると思います。

災害から身を守る有効な方法は、「過去の災害を知り、これから起こる災害に備える」ことです。自分の住んでいる地域について、過去に起こった災害を調べ、「もし同じような災害が起こったら、自分や家族はどう行動するか」をあらかじめ考えておけば、いざ災害が起こったときに、冷静に行動できるものです。

日本には長い「防災の歴史」があります。私たちの先祖は、古墳時代から現代にいたるまで、「気象災害をどう防ぐか」に努力してきました。皆さんが住んでいる地域にも、災害を克服してきた歴史がきっとあるはずです。

この事典のねらいは、読者の皆さんに、各地域で起こりやすい気象災害を知り、これから起こる災害に備えてもらうことです。そのために、各都道府県で過去に起こった気象災害や、気象の特性などについて、できるだけくわしく書きました。

また各地に伝わる災害にまつわるエピソードや、災害時に活躍した人の話なども記載しました。自分の住んでいるところだけでなく、他の地域の物語も、きっと役に立つことでしょう。

本書に載せた災害は、日本に住む人ならぜひ知っておいてほしいものばかりです。地球温暖化による気象災害の激化が懸念されている今、あえて過去の災害を学び、「もし災害が起こったらどう行動するか」を考えてほしいと思います。

2020（令和2）年9月30日
三隅良平

お読みいただくにあたって

- 各都道府県の気象災害の年表は、死者・行方不明者が10人以上の災害を主に掲載しています。ただしページの関係で収録できなかった災害もありますし、死者・行方不明者が10人未満であっても、とくに重要な災害については掲載している場合があります。

- 本書は、巻末の文献を参考にして執筆しましたが、過去の災害について詳細な資料が公表されている都道府県もあれば、そうでないところもあるため、記述のしかたが都道府県によって少しずつ異なっています。

- 地名は災害が発生した当時のものを使用していることがあります。

- 都道府県の地形は国土数値地図「数値地図250mメッシュ（標高）」を、河川は国土数値地図「土地利用細分メッシュ」を、「土砂災害が起こりやすいところ」は国土数値情報「土砂災害警戒区域　第1.3版」を、「浸水の起こりやすいところ」は国土数値情報「洪水浸水想定区域　第2.1版」を用いて描きました。データは国土交通省「国土数値情報ダウンロードサービス」（https://nlftp.mlit.go.jp/ksj/index.html）から入手しました。

- 河川の幅は実際よりも強調されているので注意してください。山地・平野・河川の名称などは、主なもののみを示しています。「土砂災害が起こりやすいところ」「浸水が起こりやすいところ」以外でも、浸水や土砂災害が起こることがあるので注意してください。

- 東京都、島根県、鹿児島県、沖縄県の島しょ部の地図には、地理院地図（https://maps.gsi.go.jp/）を加工して用いました。

- 「気温分布」「降水量分布」「年最大積雪深の分布」「日照時間の分布」は気象庁「メッシュ平年値2010年」を用いて描いています。また地点別の気温や降水量には、気象庁による平年値（1981年～2010年の30年間の平均値）を用いています。

目次

中部地方

近畿地方

中国地方

四国地方

九州地方

chapter

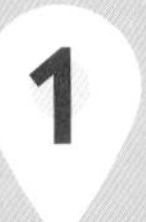

用語の説明

最初に、本書に出てくるさまざまな用語について説明します。

降水量 こうすいりょう

降水量とは、空から降ってきた雨（または雪）を、水平な容器にためたときの水の深さのことで、単位はmm（ミリメートル）です。雪の場合は、とかして水にしたときの深さを降水量といいます。

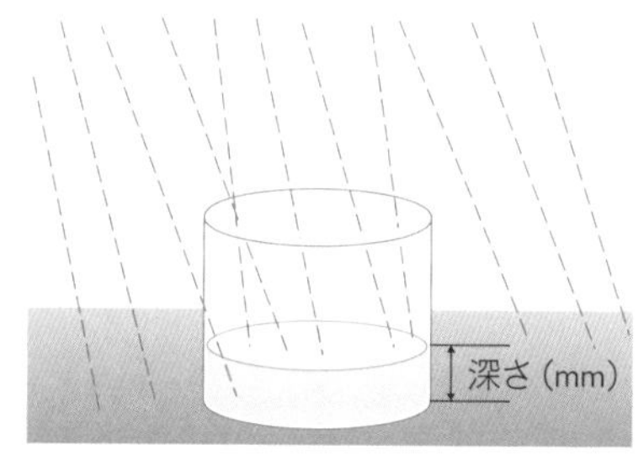

降水量の測定

積雪深 せきせつしん

積雪深とは、地面に積もった雪の深さのことです。昔は雪尺（ゆきじゃく）という、ものさしのようなもので測定していましたが、最近は超音波やレーザを用いて測定するのが一般的です。

雪尺を用いた積雪深の測定

風速 ふうそく

空気が動く速さのことを風速といい、単位はm/s（メートル毎秒）です。気象庁では、10分間平均した風速を「風速」と呼び、3秒間平均した風速を「瞬間風速」と呼んでいます[2]。

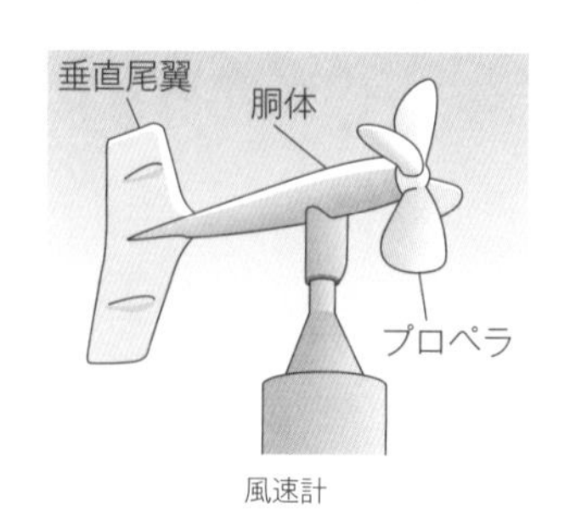

風速計

気圧 きあつ

単位面積あたりの空気の重さを、圧力の単位で表したものを気圧といい、単位はhPa（ヘクトパスカル）です。風は、気圧の高いほうから低いほうに向かって吹きます。

台風 たいふう

熱帯低気圧（熱帯の海上で発生する低気圧）のうち、風速が17.2m/s以上のものを台風と呼びます。北半球では反時計回り、南半球では時計回りの強い風が吹きます。

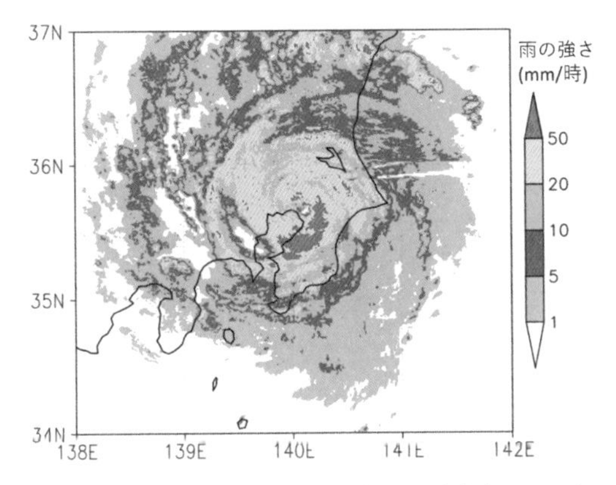

レーダがとらえた令和元年台風第15号（データ：気象庁1kmメッシュ全国合成レーダーエコー強度GPV。図はオープンアクセス・ソフトウエアGrADS（http://cola.gmu.edu/grads/）を用いて描かれた）

梅雨前線 ばいうぜんせん

6月から7月にかけて、日本列島に停滞する前線（暖かい空気と冷たい空気がぶつかっているところ）です。梅雨前線にできる雲のかたまりは、大雨を降らせることがあります。

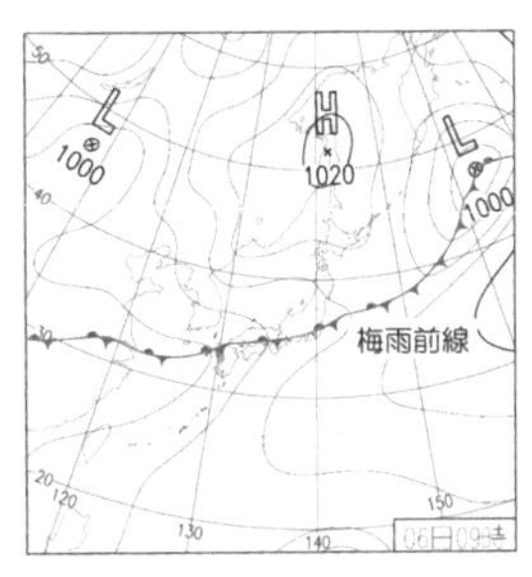

梅雨前線（気象庁「日々の天気図 2018年7月」に加筆）

線状降水帯 せんじょうこうすいたい

列になった積乱雲が、規則正しく入れ替わることで、全体として停滞して大雨を降らせる雨雲の群れです。大雨は、長さ50～300km程度、幅20～50kmの帯状の範囲で降り、降水量が500mmを超えることもあります。

2014年8月20日に広島県に大雨を降らせた線状降水帯（作図：防災科学技術研究所、データ：国土交通省XRAIN）

洪水 こうずい

大雨などにより、川を流れる水の量がふだんより多くなることを洪水といいます。

氾濫 はんらん

川の水位が上がって堤防からあふれたり、堤防が決壊したりして、川の水が外へ広がっていくことを氾濫といいます。

堤防の決壊による氾濫

浸水 しんすい

広い意味では、水が入り込んでくることを浸水といいます。より狭い意味では、住宅などが水に浸かることを「浸水」、田畑や道路などが水に浸ることを「冠水（かんすい）」と使い分けています[3]。

住宅への浸水

がけ崩れ がけくずれ

斜面の土や岩が、崩れて下に落ちる現象のことです。規模が大きい場合には「山崩れ」ということがあります。

がけ崩れ

地すべり じすべり

斜面上の土や岩が、ゆっくりと移動する現象のことです。がけ崩れとの違いは、土や岩がばらばらにならず、じわじわ移動することです。

地すべり

土石流 どせきりゅう

がけ崩れなどによって渓流に入った土砂などが、水と一緒になって勢いよく流れ下る現象をいいます。昔は「山津波」「鉄砲水」などと呼んでいました。

土石流

高潮 たかしお

台風や低気圧によって海面が上昇する現象です。高潮の原因には、①風による「吹き寄せ効果」と、②気圧による「吸い上げ効果」の2つがあります。

高潮のしくみ

雪崩 なだれ

斜面に積もった雪が、目に見える速さですべり落ちる現象です。規模の大きな雪崩では、建物などが破壊されてしまうこともあります。

雪崩

吹雪 ふぶき

いったん地面に積もった雪が、風によって再び空中に舞う現象のことを吹雪といいます。降雪を伴わない吹雪を「地吹雪（じふぶき）」ということもあります。激しい吹雪では、前が見えなくなったり、呼吸ができなくなったりしてしまうこともあります。

地吹雪

雪おろし ゆきおろし

雪国では、雪の重さで家がつぶれてしまわないよう、屋根の雪おろしをする必要があります。雪おろし中に大けがをしたり、命を落としたりする事故が多発していて、雪害による死亡原因の78.7%を占めています[4]。

雪おろし

chapter

2

日本の気候

年降水量の分布

1年間の降水量の合計を年降水量と呼んでいます。年降水量は、西日本の太平洋側や、本州の日本海側で多く、北海道のオホーツク海沿岸では多くありません。年降水量が一番多いのは鹿児島県の屋久島で4477mm、一番少ないのは北海道・北見市の常呂(ところ)で700mmです。

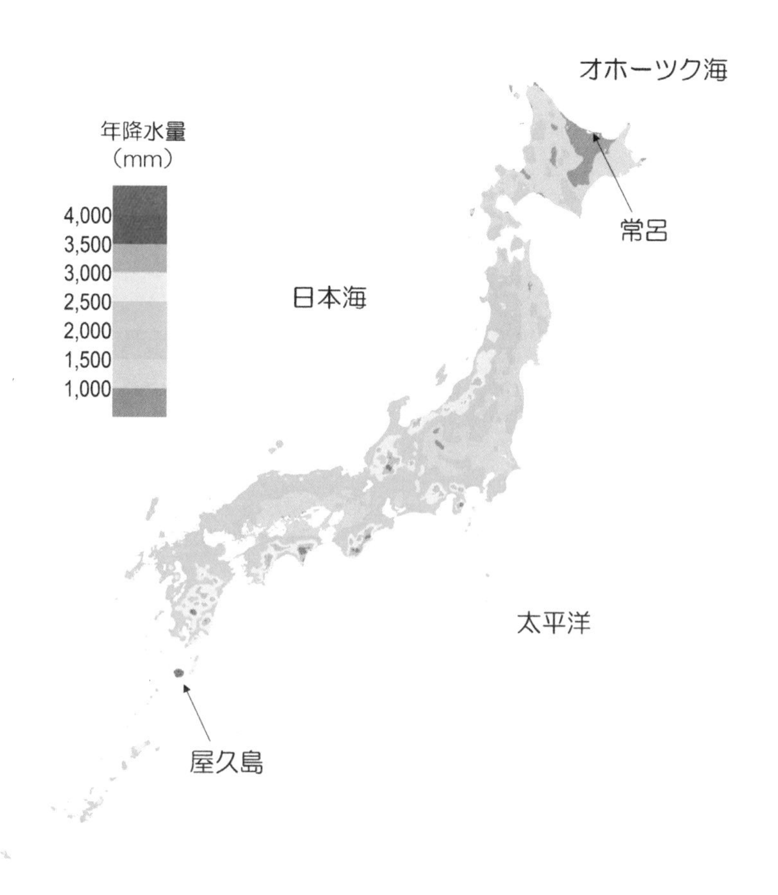

年最大積雪深の分布

1年のなかで積雪がもっとも深いときの深さを、年最大積雪深といいます。年最大積雪深は、本州から北海道の日本海側で大きく、関東より西の太平洋側ではほとんど積雪がありません。年最大積雪深がもっとも多いのは山形県の月山(がっさん)で552cmです。

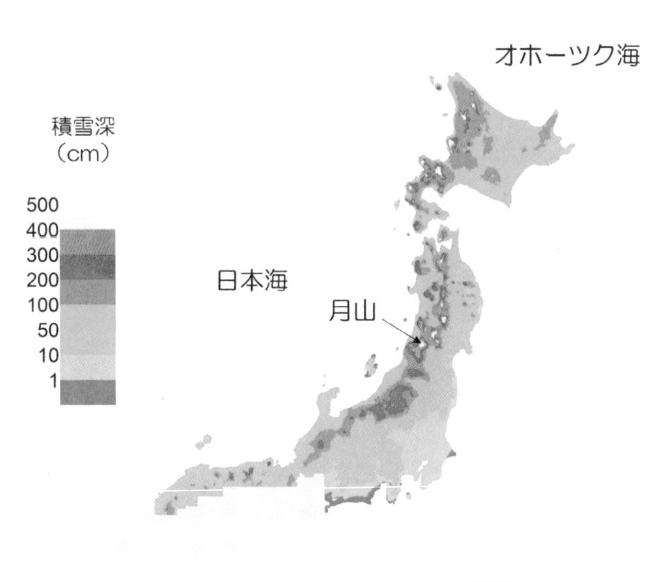

灰色は気象庁が値を作成していない地域を表す。

年平均気温の分布

1年間を平均した気温は、北へ行くほど、また標高が高いほど低くなる傾向があります。年平均気温がもっとも低いのは富士山頂で-5.4℃、もっとも高いのは沖縄県の波照間島（はてるまじま）で24.4℃です。

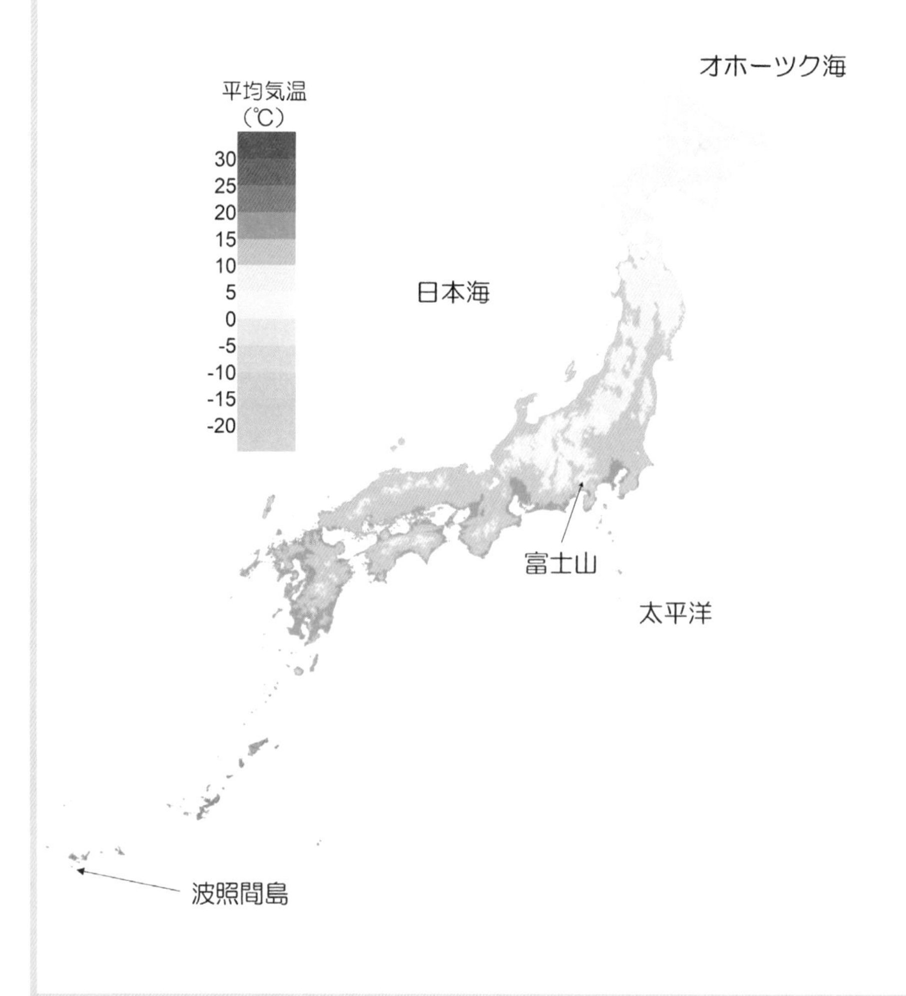

日照時間の分布

日照時間は、雲などによってさえぎられずに陽がさしている時間のことです。1年間を合計すると、日本海側では日照時間が短く、太平洋側では長い傾向があります。日照時間がもっとも長いのは高知市長浜で年間2303時間、もっとも短いのは福島県の北塩原村桧原で年間1232時間です。

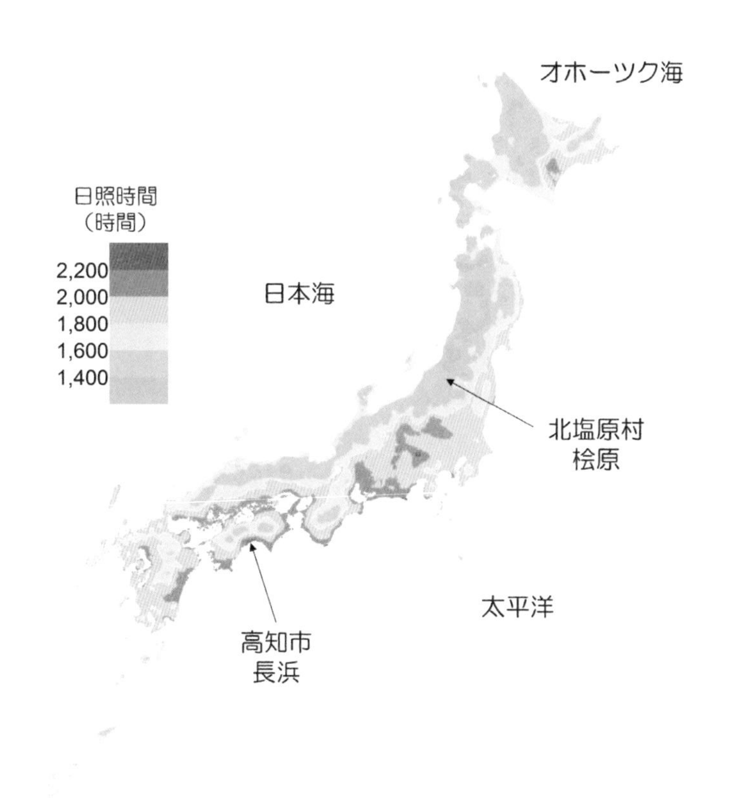

気象の歴代記録（第1位から3位まで）[5]

項目	都道府県	地点	記録	発生日
日最高気温	埼玉県	熊谷	41.1℃	2018年7月23日
	静岡県	浜松	41.1℃	2020年8月17日
	岐阜県	美濃	41.0℃	2018年8月8日
	岐阜県	金山	41.0℃	2018年8月6日
日最低気温	北海道	旭川	-41.0℃	1902年1月25日
	北海道	帯広	-38.2℃	1902年1月26日
	北海道	江丹別	-38.1℃	1978年2月17日
最大10分間降水量	埼玉県	熊谷	50.0mm	2020年6月6日
	新潟県	室谷	50.0mm	2011年7月26日
	高知県	清水	49.0mm	1946年9月13日
最大1時間降水量	千葉県	香取	153mm	1999年10月27日
	長崎県	長浦岳	153mm	1982年7月23日
	沖縄県	多良間	152mm	1988年4月28日
日降水量	神奈川県	箱根	922.5mm	2019年10月12日
	高知県	魚梁瀬	851.5mm	2011年7月19日
	奈良県	日出岳	844mm	1982年8月1日
最大風速	静岡県	富士山	72.5m/s	1942年4月5日
	高知県	室戸岬	69.8m/s	1965年9月10日
	沖縄県	宮古島	60.8m/s	1966年9月5日
最大瞬間風速	静岡県	富士山	91.0m/s	1966年9月25日
	沖縄県	宮古島	85.3m/s	1966年9月5日
	高知県	室戸岬	84.5m/s	1961年9月16日
最深積雪	滋賀県	伊吹山	1182cm	1927年2月14日
	青森県	酸ヶ湯	566cm	2013年2月26日
	新潟県	守門	463cm	1981年2月9日

瞬間風速と被害の関係

瞬間風速	主な被害の状況
25～38m/s	・木造の住宅において、目視でわかる程度の被害、飛散物による窓ガラスの損壊が発生する。比較的狭い範囲の屋根ふき材が浮き上がったり、はく離する。
39～52m/s	・木造の住宅において、比較的広い範囲の屋根ふき材が浮き上がったり、はく離する。屋根の軒先または野地板が破損したり、飛散する。 ・軽自動車や普通自動車（コンパクトカー）が横転する。 ・樹木が根返りしたり、針葉樹の幹が折損する。
53～66m/s	・木造の住宅において、上部構造の変形に伴い壁が損傷（ゆがみ、ひび割れなど）する。また、小屋組の構成部材が損壊したり、飛散する。 ・普通自動車（ワンボックス）や大型自動車が横転する。 ・鉄筋コンクリート製の電柱が折損する。 ・広葉樹の幹が折損する。
67～80m/s	・木造の住宅において、上部構造が著しく変形したり、倒壊する。 ・鉄骨系プレハブ住宅において、屋根の軒先または野地板が破損したり飛散する、もしくは外壁材が変形したり、浮き上がる。 ・鉄筋コンクリート造の集合住宅において、風圧によってベランダなどの手すりが比較的広い範囲で変形する。
81～94m/s	・工場や倉庫の大規模なひさしにおいて、比較的広い範囲で屋根ふき材がはく離したり、脱落する。
95m/s～	・鉄骨系プレハブ住宅や鉄骨造の倉庫において、上部構造が著しく変形したり、倒壊する。 ・鉄筋コンクリート造の集合住宅において、風圧によってベランダなどの手すりが著しく変形したり、脱落する。

参考：気象庁「日本版改良藤田スケール」[6]

日本に大きな被害をもたらした台風

過去には猛烈な台風が日本に上陸して、大きな被害をもたらしたことが数多くあります。とくに室戸台風・枕崎台風・伊勢湾台風は、上陸したときの気圧が低く、昭和の三大台風と呼ばれています。

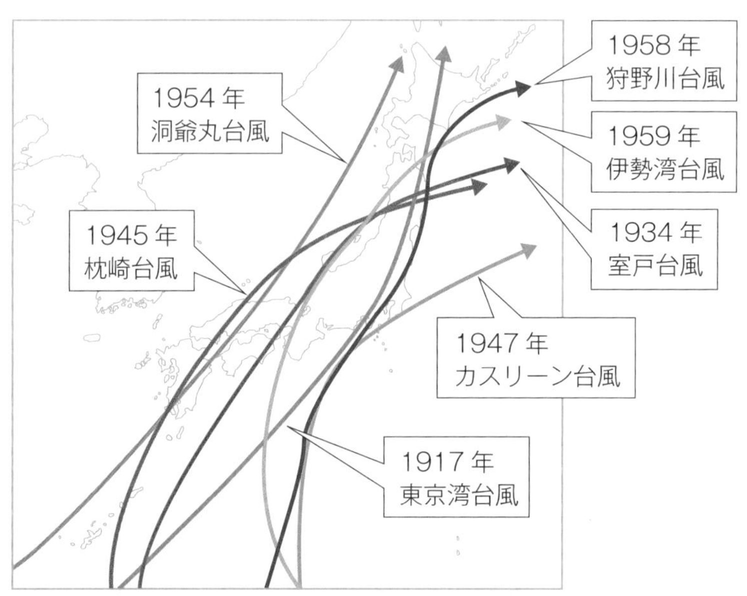

日本に大きな被害をもたらした過去の台風の経路

台風の名前	日付	死者・行方不明者数	主な被害
東京湾台風	1917年10月1日	1324人[7]	東京湾で高潮
室戸台風	1934年9月21日	3036人[8]	大阪で木造建物が倒壊
枕崎台風	1945年9月17日	3756人[8]	終戦直後の広島が被災
カスリーン台風	1947年9月15日	1930人[8]	北関東で記録的な大雨
洞爺丸台風	1954年9月26日	1761人[8]	函館沖で客船が沈没
狩野川台風	1958年9月26日	1269人[8]	伊豆半島で河川が氾濫
伊勢湾台風	1959年9月26日	5098人[8]	伊勢湾で高潮

繰り返す西日本広域水害

梅雨前線が停滞すると、西日本の広い範囲に大雨が降ることがあります。昭和47年7月豪雨（1972年）や平成30年7月豪雨（2018年）がその例です。

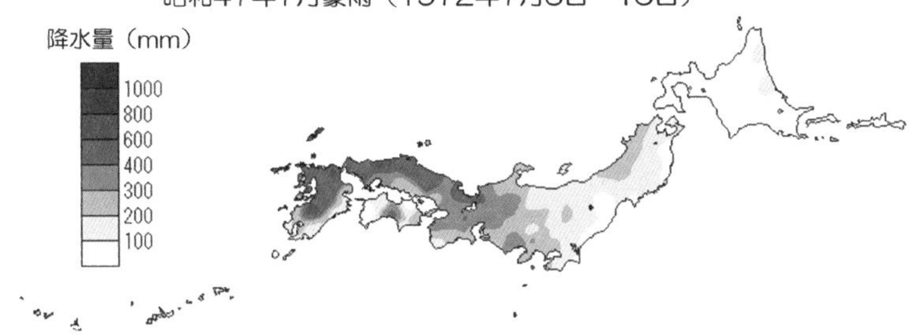

昭和47年7月豪雨の期間降水量[9]、および平成30年7月豪雨の期間降水量（「解析雨量」より作図）。

被害の比較

	昭和47年7月豪雨[9]	平成30年7月豪雨[10]
死者・行方不明者	447人	245人
全壊家屋	2977軒	6767軒
床上浸水	5万5537軒	7173軒

chapter

3

都道府県別の気象と災害

北海道

DATA

道の木／道の花	▸エゾマツ／ハマナス
道庁所在地	▸札幌市
面積	▸83424 km²（1位）
人口	▸532万人（8位）[11]
主な日本一	▸じゃがいもの生産量[12] ▸乳製品の出荷額[13] ▸人口あたりのコンビニエンスストア数[11]

北海道は低気圧がよく通る場所であり、発達した低気圧による強風で、家屋の倒壊、船の沈没、火災、吹雪などの災害が起こりやすいところです。また台風の通過によって大雨が降ることもあります。北海道の中央部には北見山地や日高山脈があって、冬には日本海側でたくさんの雪が降りますが、太平洋側ではそれほどでもありません。内陸部の冷えこみはきびしく、最低気温が-10℃以下になる地域があります。

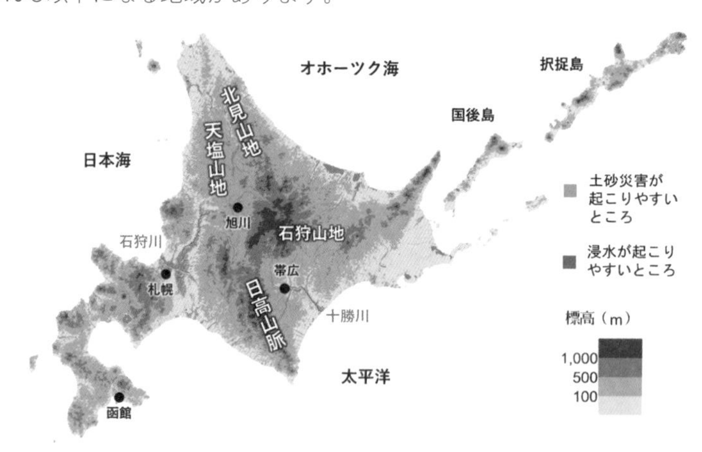

主な地点の気温と降水量

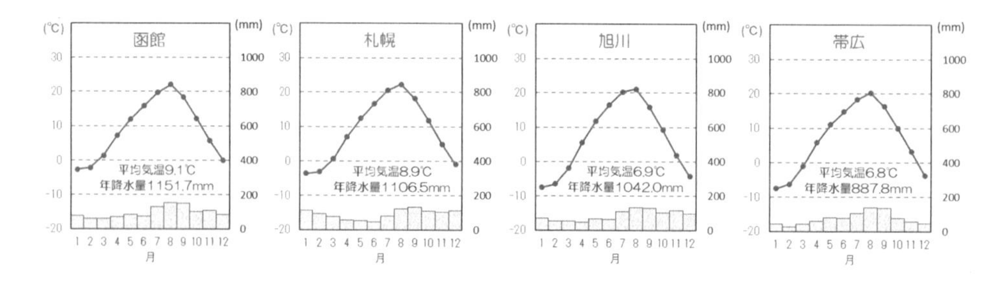

日最高気温(8月の平均)と日最低気温(1月の平均)

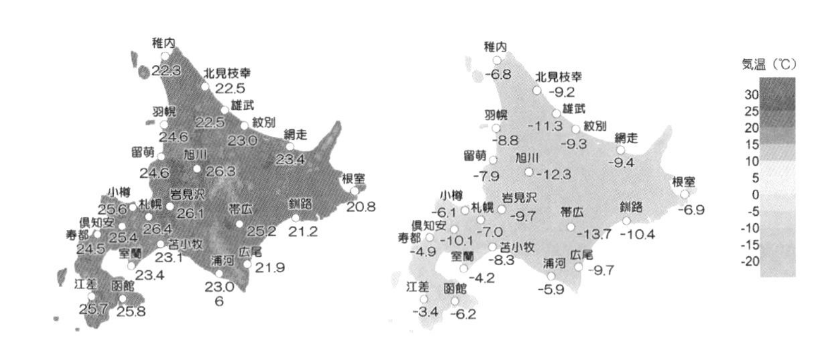

季節ごとの降水量の平年値

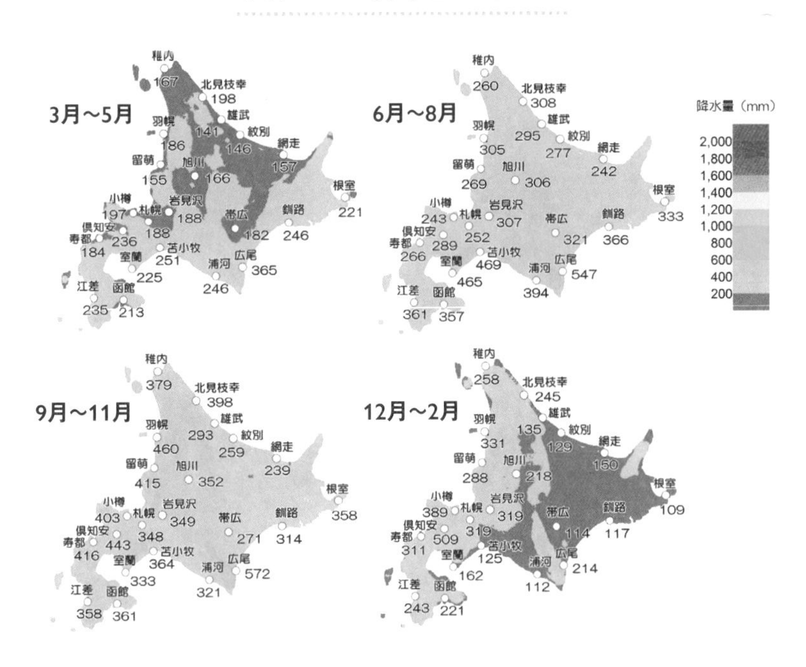

8月の最高気温は札幌周辺でもっとも高く(26.4℃)、1月の最低気温は帯広周辺でもっとも低くなります(-13.7℃)。降水量は夏(6～8月)や秋(9～11月)に多く、日本海側では冬(12～2月)に雪が多く降ります。

北海道の

気象災害の歴史

北海道の気象災害は、意外にも熱帯低気圧である台風によるものが多く記録されています。とくに1954（昭和29）年の洞爺丸台風は歴史に残る大災害になりました。また低気圧に伴う強風による吹雪や火災なども起こっています。

年月日	災害種別	死者・ 行方不明者数	被災地	概要
1934年 3月21日	火災	2015	函館市	18時50分ごろ住吉町より出火。2万2662軒が被災した。
1950年 11月27日～29日	暴風雪	111	沿岸 各地	海岸地方各地で最大風速25m/s前後となり、家屋倒壊、漁船遭難などの被害が出た。
PICK UP 1954年 9月26日	暴風雨	1600以上	全域	洞爺丸台風。台風が15時に津軽海峡西方海上に達した。青函連絡船の沈没5隻、全壊家屋5987軒、漁船被害1865隻にも及んだ。
1979年 10月18日～20日	暴風雨	72	全域	台風が東日本を縦断。えりも岬沖を通過し、千島北部に達した。建物・住家全壊14軒を記録。
2003年 8月9日～10日	暴風雨	11	日高・ 十勝地方	台風により日高地方など太平洋側を中心に広い範囲で大雨が降った。全壊家屋16軒。
2004年 9月7日	暴風雨	9	全域	台風により札幌で最大瞬間風速50.2m/sを記録。全壊家屋18軒。
2006年 11月7日	竜巻	9	佐呂間町	竜巻の発生により作業用プレハブ小屋2軒が吹き飛ばされた。全壊家屋7軒の大きな被害となった。
2013年 3月2日～3日	暴風雪	9	道東 道北	雪の吹き溜まりで立往生した車内での一酸化炭素中毒や、吹雪で立往生した車を降りて自宅に向かう途中の凍死などで大きな被害となった。

沈没する船で乗客を励ましつづけた宣教師

1954年の洞爺丸台風

昔、本州から北海道に渡るためには「青函連絡船」という船に乗る必要がありました。青森駅でいったん電車を降りて、船に乗りかえる必要があったのです。ですから青函連絡船にはいつもたくさんの人が乗っていました。

1954（昭和29）年9月26日、乗客・乗員1372人を乗せて函館を出航した青函連絡船・洞爺丸は、台風第15号の強風と高波によって転覆し、1155人が亡くなりました。この災害は、大西洋で起こったタイタニック号の沈没（1912（明治45）年4月14日、1513人が死亡）にも匹敵する船舶事故として、世界中に報道されました。

洞爺丸が函館を出航してから転覆するまでの約4時間、乗客たちは揺れる船の中で恐怖と不安に襲われました。そのようななかで、アメリカ人宣教師のディーン・リーパーさん（当時33歳）が乗客を励ましつづけた話が伝わっています[17]。リーパーさんは乗客が救命具をつける手助けをしたり、手品を披露したりして、乗客たちを落ち着かせました。そのおかげで多くの人が救命具をつけることができ、何人かが無事に救助されたのです。

残念ながらリーパーさん自身は逃げる機会を失って、遺体となって発見されました。

乗客を励ます宣教師

青森県

DATA

県の木／県の花	▸ヒバ／リンゴの花
県庁所在地	▸青森市
面積	▸9646 km²（8位）
人口	▸128万人（31位）[11]
主な日本一	▸リンゴの生産量[18] ▸人口あたりの公衆浴場の数[11]

青森県は、三方を海に囲まれるとともに、マサカリのような形をした下北半島が突き出ていて、複雑な地形をしています。中央には1500m級の八甲田山があり、太平洋側と日本海側を分けています。再上陸する台風にしばしば襲われる県で、たとえば1991（平成3）年の台風第19号（りんご台風）では、収穫前のリンゴが大きな被害を受けました。また日本海側では積雪も多く、1945（昭和20）年には珍しい「雪泥流」（水を含んだ積雪が流れ下る現象）による災害が起こっています。

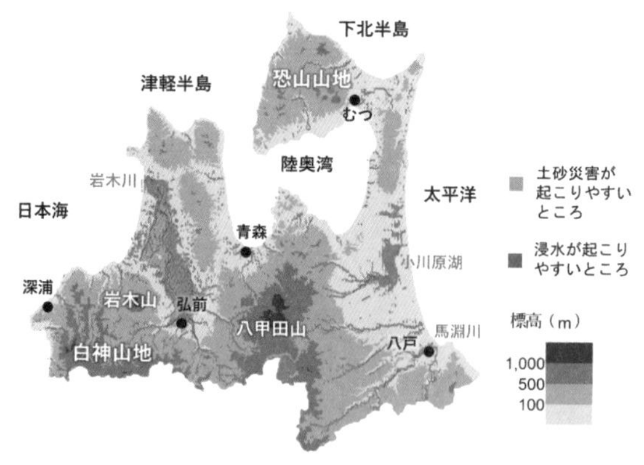

主な地点の気温と降水量

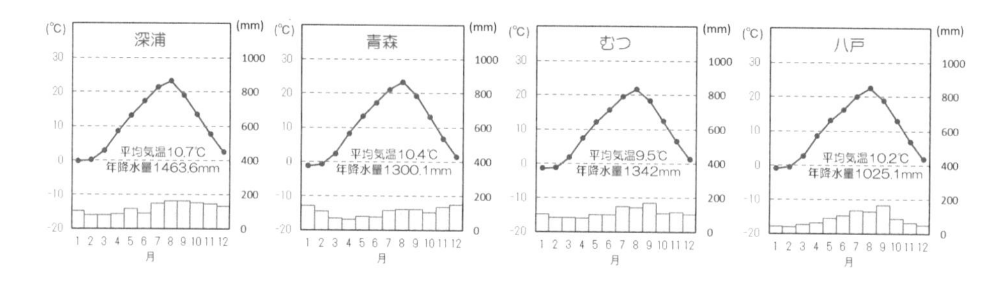

日最高気温（8月の平均）と日最低気温（1月の平均）

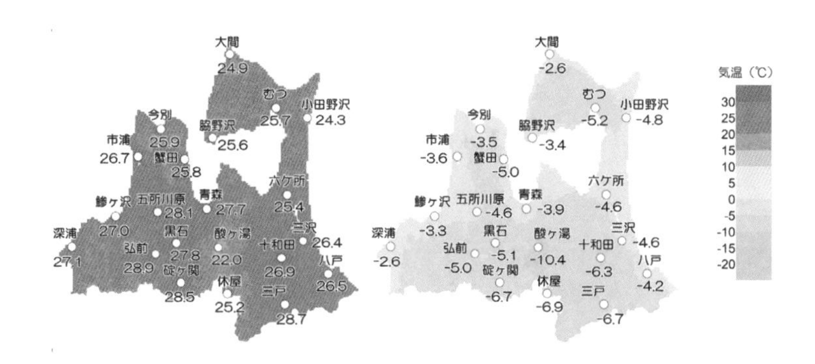

季節ごとの降水量の平年値

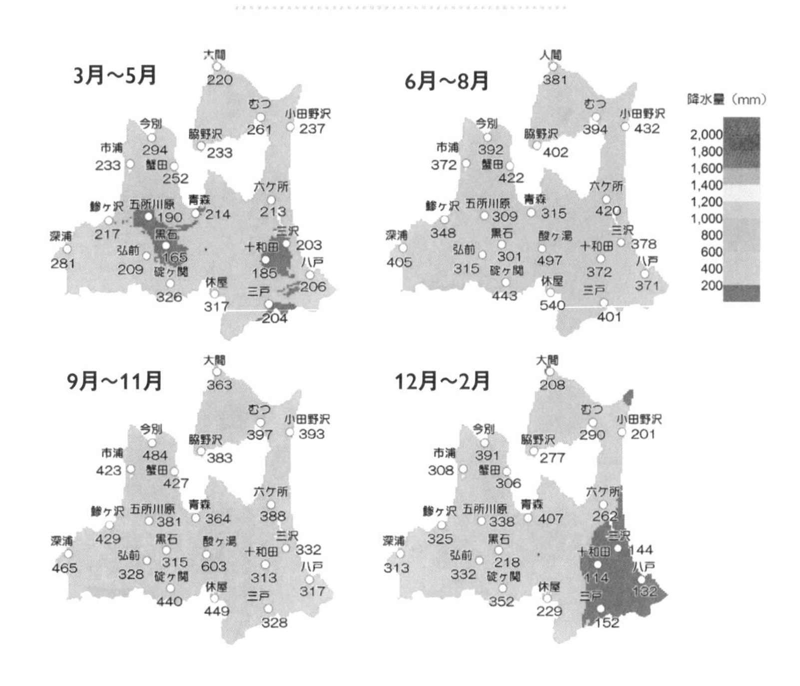

8月の最高気温は弘前周辺でもっとも高く（28.9℃）、1月の最低気温は酸ケ湯周辺でもっとも低くなります（-10.4℃）。降水量は夏（6～8月）から秋（9～11月）に多く、太平洋側を除く地域では冬（11～2月）にも多くの降水が観測されます。

青森県の

気象災害の歴史

1945（昭和20）年には雪泥流（水を含んだ積雪が流れ下る現象）が起こり、88人が亡くなりました。これは雪泥流災害としては最大級のものです。また1991（平成3）年の台風第19号は、青森市で最大瞬間風速53.9m/sを記録するなど猛烈な風が吹き、収穫前のリンゴが落果して大きな被害が出ました。

年月日	災害種別	死者・行方不明者数	被災地	概要
1910年 5月3日	火災	26	青森市	住宅5000軒以上が焼失し、死者26人、負傷者160人の大きな被害が生じた。
1945年 3月21日	雪泥流	88	鰺ヶ沢町 大然	雪泥流が大然地域を直撃し、住宅20軒が流失した。
1975年 8月5日～7日	大雨	22	弘前市 百沢	旧岩木町百沢地区でがけ崩れなどが発生し、大きな被害となった。
1977年 8月5日	大雨	11	津軽地方	津軽地方を中心に大雨による洪水、がけ崩れなどの被害が生じた。
1981年 8月21日～23日	暴風雨	2	全域	大雨・暴風により全県的に強風、浸水、がけ崩れなどの被害が発生した。
1982年 9月10日～12日	暴風雨	1	三八地方	台風通過に伴う暴風、大雨による被害が生じた。
PICK UP 1991年 9月28日	暴風雨	9	全域	台風第19号（りんご台風）。津軽を中心に急激に風が強まり、人的被害をはじめ、リンゴの落果などの甚大な被害が発生し、被害総額1129億円となった。
1999年 10月27日	暴風雨	2	三八地方	三八地方（三戸郡、八戸市）を中心とした大雨・暴風によるがけ崩れなどによる被害。被害総額342億円。

リンゴは収穫できなかったが、善意を収穫できた

1991年の台風第19号による災害

「それはまさに地獄絵を見るありさまだった。頑強なはずの防風ネットが倒れ、一面にじゅうたんのようにリンゴが敷き詰められていた」。青森県黒石市のリンゴ農家は、このように被害の状況を語っています[21]。

1991（平成3）年9月27日、宮古島東方海上から北上してきた台風第19号は、中心気圧940hPa、中心付近の最大風速50m/s、暴風半径600kmという猛烈な勢力で長崎県佐世保市に上陸。台風はいったん日本海に抜けたあと北海道に再上陸し、青森市で最大瞬間風速53.9m/sを記録するなど、各地で記録的な強風をもたらしました。青森県ではリンゴの木36万本が被害を受け、出荷前のリンゴ約35万トンが地面に落ちたといわれています。大変な被害を受けたリンゴ農家たちは、ただ途方に暮れるしかありませんでした。

一方、青森県には全国各地から激励やお見舞いが届きました。感激した農家の方は「私たちはリンゴを収穫できなかったが、善意を収穫できた」と語っています[21]。青森県のリンゴ生産量は一時的に落ち込みましたが、復旧のスピードは早く、翌年にはほぼ前年並みの生産量に戻りました。

1991年の台風第19号によるリンゴ農家の被害（Kyon Kyon/PIXTA）

岩手県

DATA

県の木／県の花	▸ナンブアカマツ／キリ
県庁所在地	▸盛岡市
面積	▸15275 km^2（2位）
人口	▸126万人（32位）[11]
主な日本一	▸リンドウの出荷量[22] ▸45歳以上の就職率[11]

岩手県は、西に奥羽山脈、東に北上高地があり、その間に北上川が流れる北上盆地があります。奥羽山脈は豪雪地帯ですが、北上盆地や北上高地では積雪はそれほど多くありません。また太平洋に面した地域は海流の影響を受け、夏もそれほど気温が上がりません。過去の気象災害としては、1948（昭和23）年のアイオン台風など、台風の通過による河川の氾濫や、豪雪による被害が記録されています。

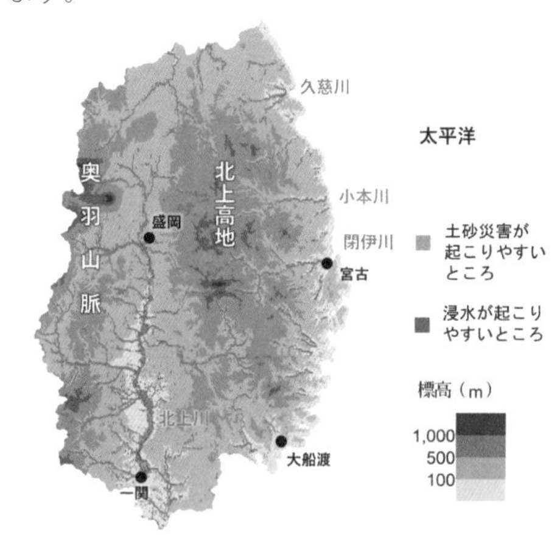

主な地点の気温と降水量

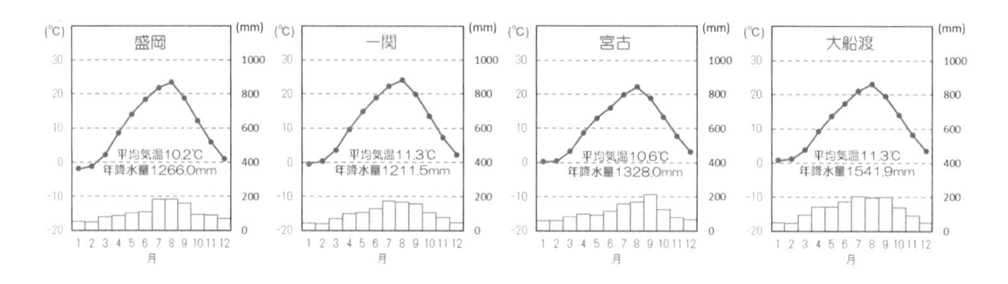

日最高気温（8月の平均）と日最低気温（1月の平均）

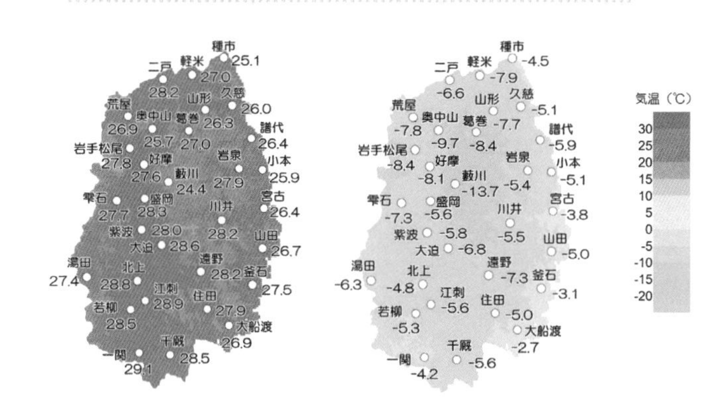

季節ごとの降水量の平年値

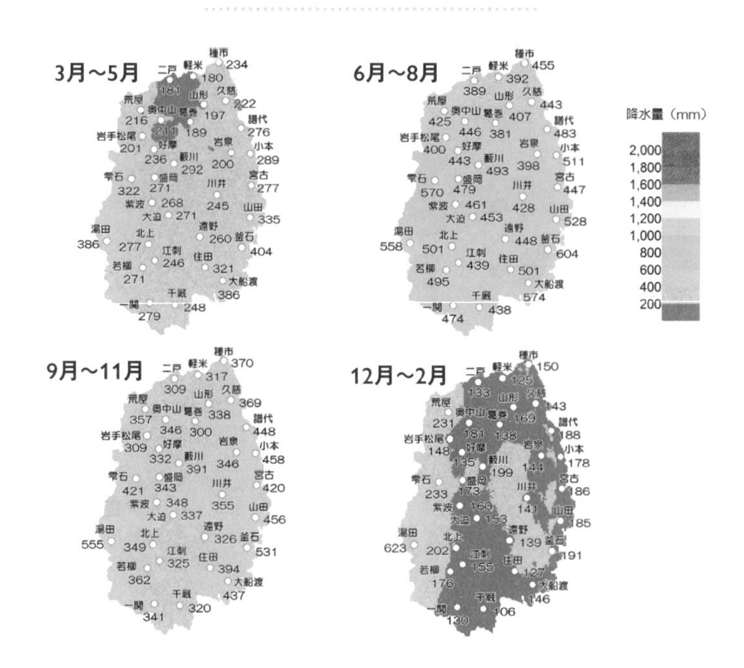

8月の最高気温は一関周辺で高く（29.1℃）、1月の最低気温は藪川周辺で低くなります（-13.7℃）。降水量は全般に夏（6～8月）に多く、冬（12～2月）に少ない傾向ですが、奥羽山脈（湯田周辺）では、冬に多くの降水量が観測されます。

岩手県の

気象災害の歴史

台風や豪雪によって大きな被害を受けています。とくに1947（昭和22）年から1948（昭和23）年にかけてカスリーン台風、アイオン台風という2つの大型台風が相次いで上陸し、北上川が氾濫してたくさんの犠牲者が出ました。

年月日	災害種別	死者・行方不明者数	被災地	概要
1944年 3月10日～12日	大雪	164	岩泉町 宮古市	低気圧の通過によって岩手県沿岸で大雪となり、雪によるものとしては最大級の被害が出た。死者の大部分は北部山間地および沿岸地方の製炭夫であった。
1947年 9月15日～16日	暴風雨	212	全県	カスリーン台風の通過により、各河川とも大出水となり、いまだかつてない大水害となった。
PICK UP 1948年 9月15日～17日	暴風雨	709	一関市 宮古市 ほか	アイオン台風の接近により、ものすごい豪雨となり、前年のカスリーン台風を上回る大水害となった。とくに一関市では再び濁流に襲われ、多くの死者を出した。
1959年 9月26日～27日	暴風雨	29	全県	伊勢湾台風が衰えながら日本海を北上し、27日朝には秋田県の西方海上に達した。岩手県では大船渡沖でサンマ船が沈没するなどの被害が出た。
1963年 1月6日～7日	豪雪	11	県北	6日から7日朝にかけて降った雪により、県北地方で電線着雪による通信線・送電線などの切断被害が多発し、列車やバスなどの交通機関が混乱。また雪崩や吹雪により犠牲者が出た。
2016年 8月30日	豪雨	23	県東部	強い勢力を保ったまま台風が大船渡市付近に上陸した。台風が東北地方の太平洋側に上陸したのは1951年の統計開始以降、初めて。河川の氾濫により多くの人命が失われた。

“ 機関車を転覆させた水の勢い ”

1948年のアイオン台風

1948（昭和23）年9月10日に発生したアイオン台風は、猛烈な勢力で房総半島に上陸し、9月17日には三陸沖へと駆け抜けました。岩手県では16日午後から夜にかけて大雨となり、県内では死者・行方不明者が709人にも上りました。

とくに一関市では、磐井（いわい）川があふれて市街地を襲い、大きな被害になりました。水の勢いはすさまじく、一ノ関駅では機関車が転覆してしまうほどでした[25]。生存者によると、「濁流は2階まで押し寄せてきました。ものすごい流れが家を押しつぶす。ぐらぐらと来たと思った瞬間、私たちの身体がぶつかり合い家はもろくも崩れ流れの中へ。泣き叫ぶ子供の声。子を探す親の声。濁流の中に落ちていく悲痛な叫び。それはまるで生き地獄そのものでした」といいます[27]。

この被害を受けて、磐井川と北上川の改修が行なわれました。磐井川では、堤防が築かれ、川幅が広がり、蛇行していた河道がまっすぐになりました。また北上川の水が逆流するのを防ぐため、遊水地がつくられました。これらの工事には50年以上の年月がかかりました。

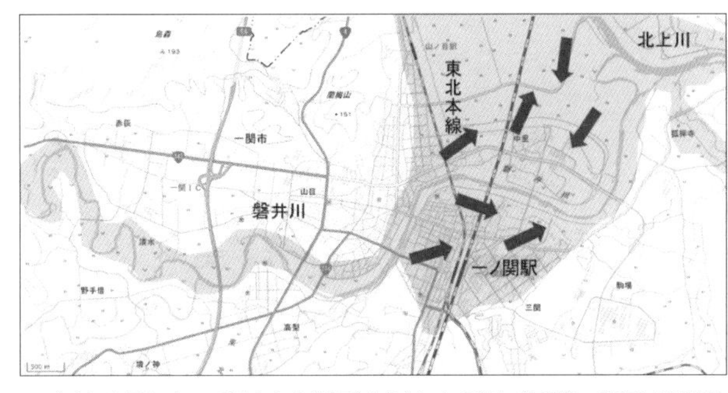

アイオン台風によって浸水した範囲（水色）と水の流れ（矢印）。背景は地理院地図。内田（1988）[26]に基づき作成した（国土地理院「地理院地図」に加筆）。

宮城県

DATA

県の木／県の花	▸ケヤキ／ミヤギノハギ
県庁所在地	▸仙台市
面積	▸7282 km^2（16位）
人口	▸232万人（14位）[11]
主な日本一	▸カジキマグロの漁獲量[28] ▸サメ類の漁獲量[28] ▸オオハクチョウの生息数[29]

宮城県には北から北上川、南から阿武隈川が流れ込み、広大な仙台平野が形成されています。これら2つの大河川は、上流から大量の水を運んでくるので、ひとたび氾濫すると大きな災害になってしまいます。仙台平野は太平洋からの海風が入りやすいので、夏は涼しく、冬はそれほど冷えません。積雪が50cmを超える場所は奥羽山脈周辺に限られています。

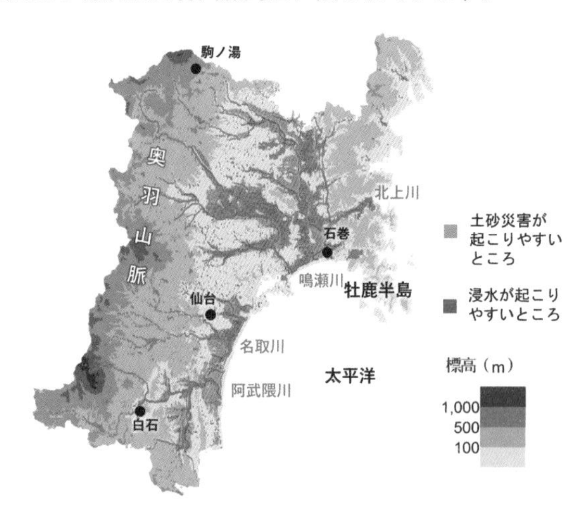

主な地点の気温と降水量

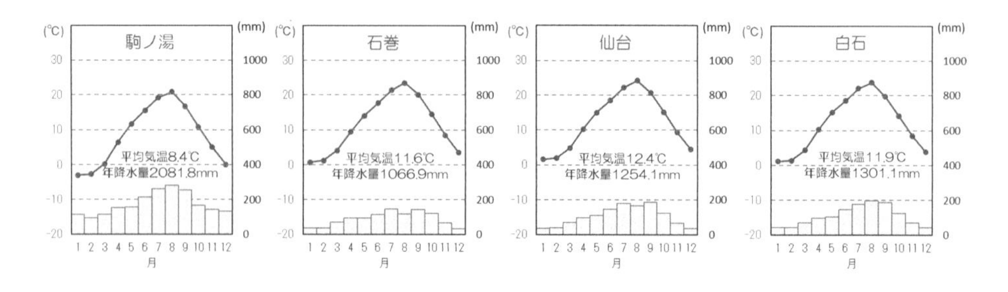

日最高気温(8月の平均)と日最低気温(1月の平均)

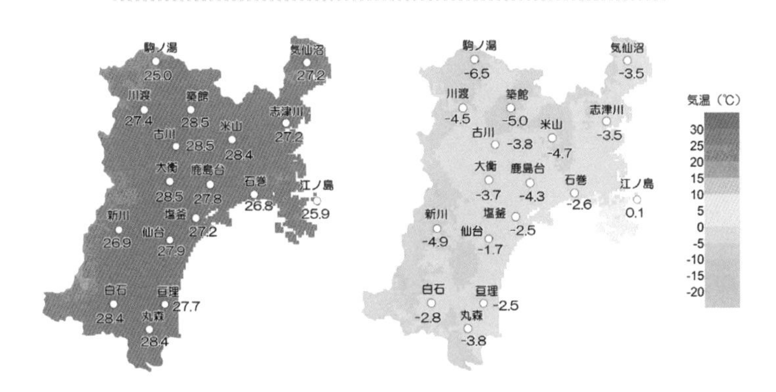

季節ごとの降水量の平年値

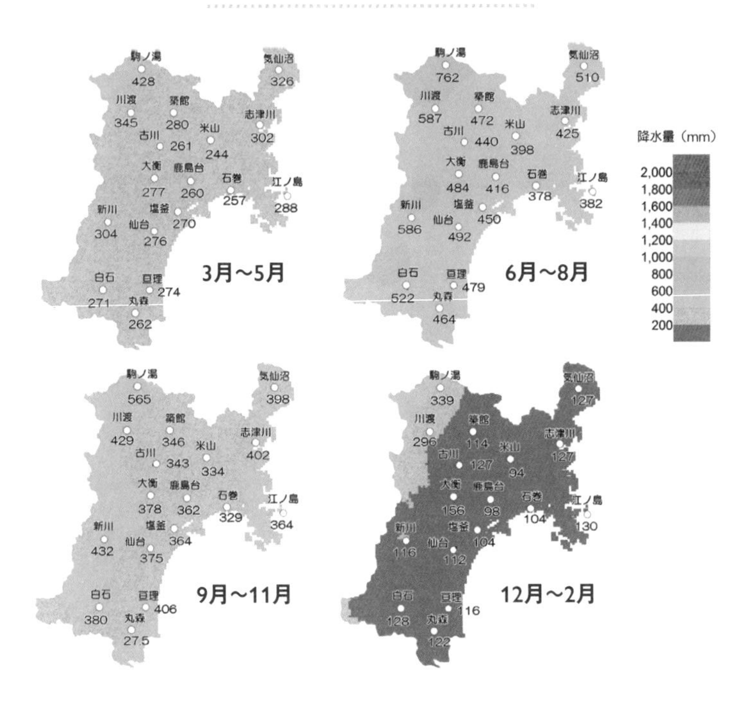

8月の最高気温は築館・古川・大衡周辺でもっとも高く(28.5℃)、1月の最低気温は駒ノ湯周辺でもっとも低くなります(-6.5℃)。夏(6~8月)に降水量が多く、冬(12~2月)に少ない傾向があります。

気象災害の歴史

宮城県は北上川、阿武隈川の2つの大きな川の下流に位置していて、いったん氾濫が起こると大きな被害になりやすい土地です。また明治時代以前には、冷害や水害などが原因で大飢饉が起こり、数千人規模で犠牲者が出たことがあります。

年月日	災害種別	死者・行方不明者数	被災地	概要
1837年	飢饉	数千人	全域	餓死および流行病による死者が本吉郡内で4600人。石巻では年内より正月まで犬猫を食べる者も多くあったという。
PICK UP 1910年 8月6日～16日	暴風雨	360	全域	2つの台風の通過と前線に伴う大雨で迫川、北上川、阿武隈川から出水。家屋全壊197軒、家屋流出357軒。
1947年 9月14日～15日	暴風雨	30	全域	カスリーン台風による北上川と阿武隈川の氾濫。家屋の浸水2万9704軒。
1948年 9月16日～17日	暴風雨	44	全域	アイオン台風による迫川の氾濫。家屋の浸水3万3611軒。
1950年 8月2日～7日	暴風雨	17	全域	台風11号と12号が相次いで接近。名取川、広瀬川、多田川、吉田川などが氾濫した。
1986年 8月4日～5日	暴風雨	5	全域	台風10号から変わった温帯低気圧によって県内平野部を中心に豪雨となり、阿武隈川および吉田川の破堤をはじめとする河川の氾濫やがけ崩れにより、各地で被害が発生した。
2006年 10月6日	暴風雨	17	全域	低気圧の通過により、女川町江ノ島では最大風速30m/sを観測し、サンマ漁船が座礁して犠牲者が出た。
2019年 10月12日～13日	大雨	21	全域	台風19号による大雨で、土砂災害、浸水が発生し、大きな被害となった。

L字形に曲げられた北上川

1910年の大洪水と河川改修

北上川下流に住む人々は、長い間水害に悩まされてきました。記録の残っている17世紀以降の300年間で、実に200回以上の水害が起こっています[31]。宮城県の発展において、北上川の氾濫をいかに食い止めるかは大きな課題でした。

1910（明治43）年の大水害では、北上川や阿武隈川が氾濫して、宮城県内で360人もの犠牲者が出たといわれています。そこで明治政府は、20年計画で北上川を改修することを決めました。このときの改修は、北上川を追波川とつないで流路をL字形に曲げてしまうという大胆なもので、1934（昭和9）年に完成しました。

これらの改修によって、大規模な氾濫が起こりにくくなり、犠牲者も少なくなりました。一方で、北上川沿いにあった柳津町の集落は、移転を余儀なくされました。先祖伝来の土地を捨てるわけですから、住民の苦悩は大変なものでしたが、最終的には移転を了承したと伝えられています。

北上川の変遷[32]。江戸時代に江合川、迫川と合流させる工事が行なわれた。その後、1910（明治43）年の大洪水をきっかけとして、流路がL字形に曲げられた。

秋田県

DATA

県の木／県の花	▸秋田杉／ふきのとう
県庁所在地	▸秋田市
面積	▸11638 km^2（6位）
人口	▸100万人（38位）[11]
主な日本一	▸スギの人工林面積[33] ▸中学2年生男子の身長[11] ▸人口あたりの理容所・美容所の数[11]

秋田県は日本海に面していて、冬には湿った季節風が入り込むため雪が降りやすく、山地では積雪深が2mを超える場所があります。一方、夏は晴天が多く、ところによっては最高気温が30℃を超えることもあります。過去の災害としては、梅雨前線に伴う集中豪雨や、大雪による被害などが記録されています。

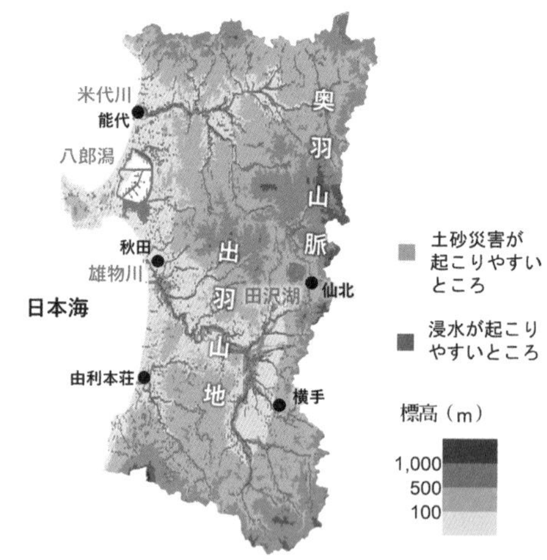

主な地点の気温と降水量

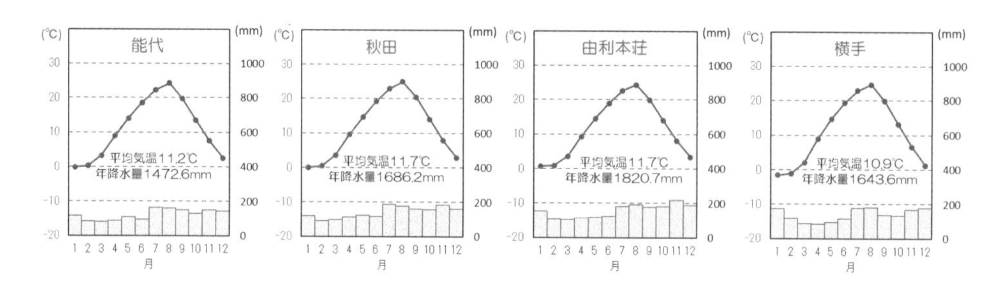

日最高気温（8月の平均）と日最低気温（1月の平均）

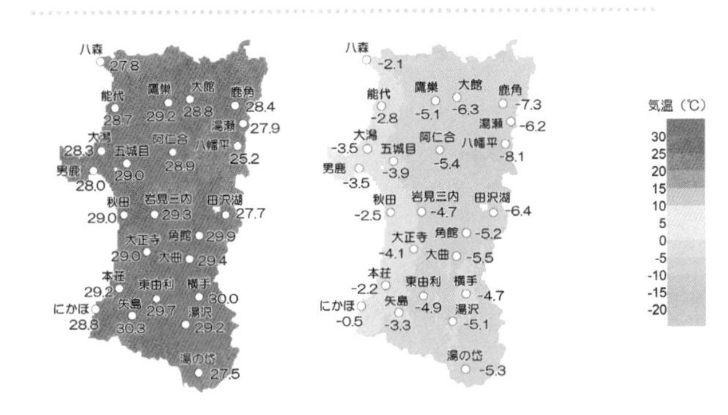

季節ごとの降水量の平年値

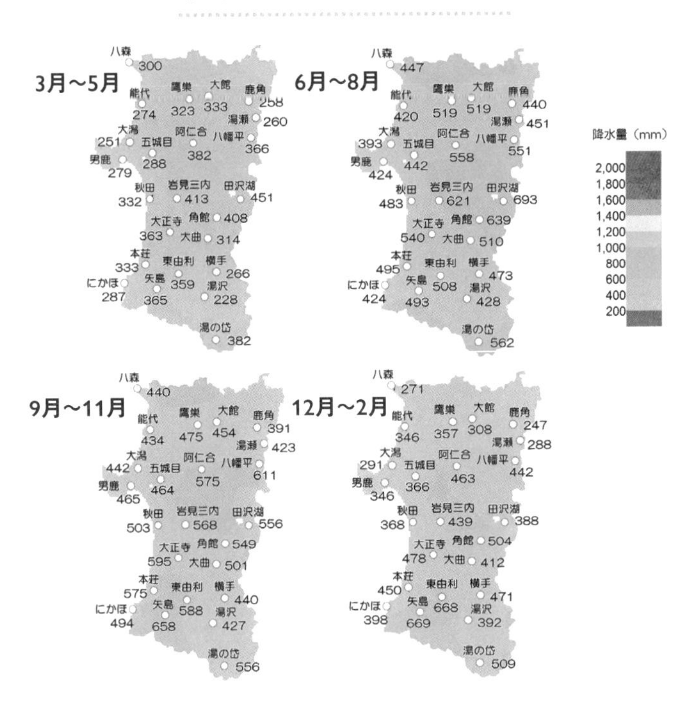

8月の最高気温は矢島周辺でもっとも高く（30.3℃）、1月の最低気温は八幡平周辺でもっとも低くなります（-8.1℃）。降水量は夏（6～8月）から秋（9～11月）に多い傾向がありますが、県南部の山地では、むしろ冬（12～2月）のほうが降水量が多い地域があります。

気象災害の歴史

一度に数百人が亡くなるような気象災害は記録されていませんが、集中豪雨や台風の通過によって大きな被害が出たことがあります。近年では、大雪による被害が顕著で、その多くは除雪作業中の転落事故によるものです。

年月日	災害種別	死者・行方不明者数	被災地	概要
1947年 7月21日～24日	大雨	25	全域	梅雨前線に沿う低気圧の通過により、県内各地で雨量が200mmを超えた。住家の全壊・流出355軒、床上浸水1万5808軒。
1960年 8月2日～3日	大雨	15	田沢湖町	集中豪雨により土石流が発生、田沢湖町沼田地区を流れる生保内川の堤防が約80mにわたり決壊し、沼田地区を直撃した。
1981年 8月21日～24日	暴風雨	10	全域	台風が東北地方から北海道・渡島半島を縦断した。負傷者12人、住家の全壊17軒。
2005年12月 ～ 2006年2月	大雪	24	全域	平成18年豪雪。雪おろし作業中の転落事故や雪崩、路面凍結によるスリップなどで死傷者が出た。
2010年12月～ 2011年4月	大雪	21	全域	雪おろし作業中の転落、屋根からの落雪への巻き込まれなどの被害。
2012年12月～ 2013年4月	大雪	19	全域	雪おろし作業中の転落事故、路面凍結による対向車線へのはみ出しなどの被害。
PICK UP 2013年 8月9日～10日	大雨	6	仙北市	日本海から湿った空気が流れ込んだことで大気の状態が非常に不安定となった。秋田県では9日未明から雨が降り出し、明け方から昼過ぎにかけて県北部を中心に局地的に猛烈な雨が降った。仙北市ではがけ崩れが発生した。

“安全な場所だと思っていたのに”

2013年8月9日の土砂災害

2013年8月9日の午前、突然の集中豪雨が秋田県仙北市を襲いました。仙北市内のアメダス雨量計は278mmを記録し、田沢供養佛地区で大規模ながけ崩れが発生。6人が命を落としました。

被害のあった田沢供養佛地区の住民は「この土地は台風も少なく、安全な場所だと思っていました。まさかこんなことが起こるとは思いませんでした」と話しました。たしかに他の都道府県と比べると、秋田県は気象災害の少ない県です。

しかし過去の気象災害を調べてみると、田沢湖周辺では1960年にも集中豪雨が起こっています。「天災は忘れたころにやって来る」という格言がありますが、自分の住んでいる場所周辺での過去の災害を調べて、忘れないようにしたいものです。

2013年8月9日、仙北市田沢供養佛地区に発生したがけ崩れで破壊された家屋

山形県

DATA	
県の木／県の花	▸サクランボ／紅花
県庁所在地	▸山形市
面積	▸9323 km² (9位)
人口	▸110万人(35位)[11]
主な日本一	▸西洋梨の収穫量[18] ▸サクランボの収穫量[18] ▸世帯あたりの自動車保有台数[11]

山形県は、中央に出羽山地や朝日山地が南北にのび、庄内平野のある沿岸部と、新庄盆地や山形盆地などの内陸部を分けています。山間部は多雪地帯であり、とくに月山周辺は、積雪深の平年値が5mを超える日本有数の豪雪地帯です。一方、夏は内陸部が非常に高温になることがあり、1933(昭和8)年7月25日に山形市で記録された40.8℃は、2007(平成19)年に岐阜県多治見市で更新されるまでの74年間、日本における最高気温の記録でした。

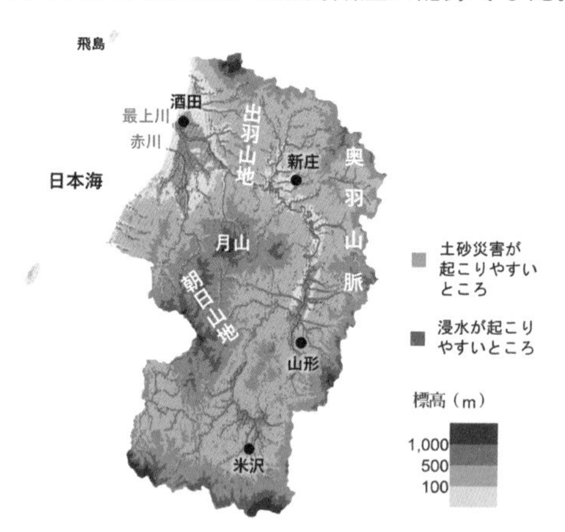

主な地点の気温と降水量

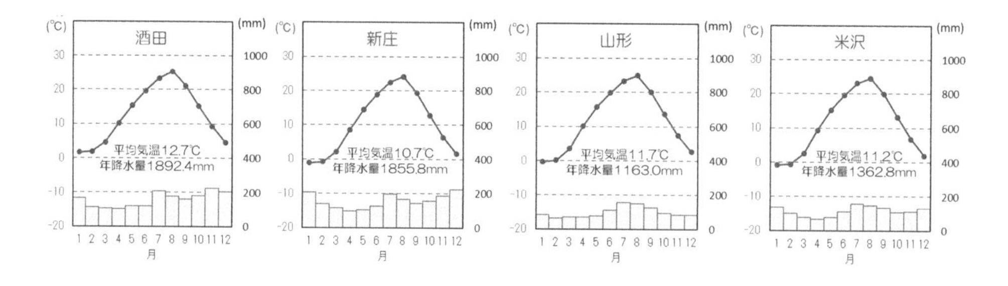

日最高気温(8月の平均)と日最低気温(1月の平均)

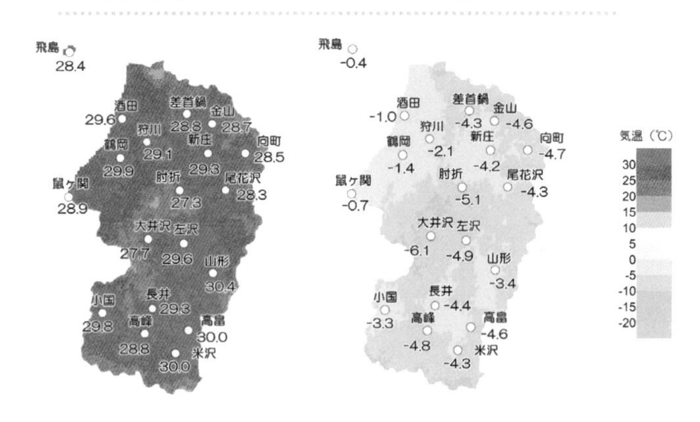

季節ごとの降水量の平年値

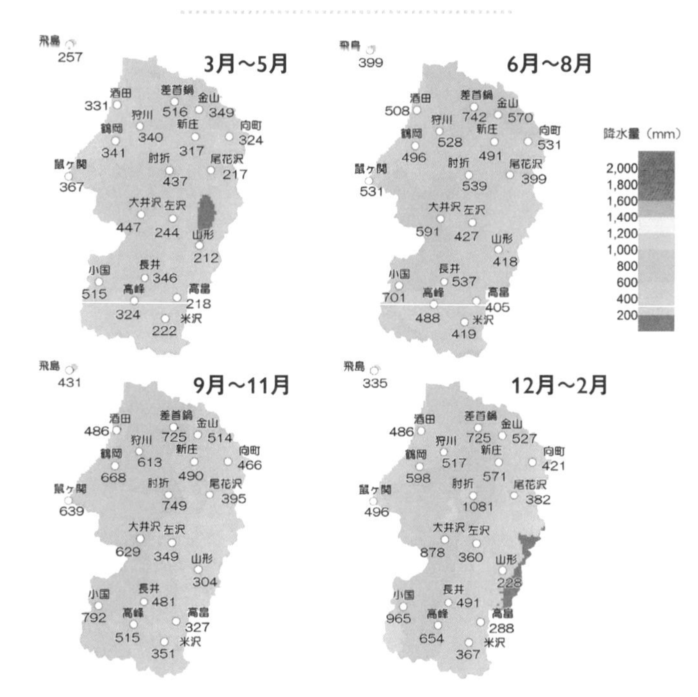

8月の最高気温は山形市周辺でもっとも高く(30.4℃)、1月の最低気温は大井沢周辺でもっとも低くなります(-6.1℃)。降水量は沿岸部や山地では秋(9～11月)から冬(12～2月)に多く、山形市や米沢市では夏(6～8月)のほうが多くなります。

気象災害の歴史

他の都道府県と比較すると、大規模な気象災害はあまり多くなく、どちらかというと局地的な集中豪雨、地すべり、突風、雪害などが記録されています。

年月日	災害種別	死者・行方不明者数	被災地	概要
1967年 8月28日～29日	大雨	8	置賜地域	羽越豪雨。県中・県南を中心とした集中豪雨で、激甚災害に指定された。家屋全壊流失167軒、半壊床上浸水1万818軒を記録。
1974年 4月26日	地すべり	17	大蔵村	大蔵村赤松地区の南側の松山で山崩れが発生し、長さ約200m、幅約100mにわたって土砂が流出、地区の民家や杉林を押しつぶし、大きな被害をもたらした。
1975年 8月5日～7日	大雨	5	最上地域	鮭川流域などで大雨。土石流や堤防決壊により甚大な被害が発生。激甚災害に指定された。家屋全半壊15軒、床上下浸水788軒。
1976年 10月29日	火災	1	酒田市	酒田の大火。午後5時40分ころ繁華街で出火した火災は、台風並みの暴風に煽られ、約12時間にわたって1774軒を焼きつくした。
PICK UP 2005年 12月25日	突風 列車転覆	5	庄内町	秋田駅発・新潟駅行の特急いなほ14号が、砂越駅～北余目駅間を走行中、突風によって前3両が横転した。
2010年 冬期	大雪	17	全域	除雪作業中の転落、路面でのスリップ事故など。
2011年 冬期	大雪	17	全域	除雪作業中の転落、除雪車への巻き込まれ事故など。
2018年 冬期	大雪	16	全域	除雪作業中の転落、運転中のスリップ事故など。

列車を包んだ「白い風」

2005年、特急いなほ脱線事故

2005(平成17)年12月25日19時8分、上り特急「いなほ14号」は山形県酒田駅を出発しました。このとき、みぞれが降って雷が鳴っていたものの、とくに強い風は吹いていなかったといいます。ところが第2最上川橋梁を通過した直後、すさまじい地吹雪になり、白い風のようなものが運転席を包み込みました。運転士が「アッ」と思った瞬間に、列車は左に傾いて横転したそうです[36]。

列車には、乗客43人、乗務員2人および車内販売員1人が乗車しており、そのうち乗客5人が死亡し、33人が負傷しました。

列車を横転させた白い風……。その正体はいったい何だったのでしょうか。残念ながら夜間に起こった出来事であり、目撃情報は多くありませんでした。事故が起こったとき、発達した雪雲が通過していたことから、事故の原因となった突風は、竜巻かダウンバースト(積乱雲から吹き降ろす下降気流による突風)であったと考えられています。

横転した「いなほ14号」(毎日新聞社/アフロ)

福島県

DATA	
県の木／県の花	▸ケヤキ／ネモトシャクナゲ
県庁所在地	▸福島市
面積	▸13784 km^2（3位）
人口	▸188万人（21位）[11]
主な日本一	▸夏秋キュウリの出荷量[12] ▸桐材の生産量[37]

福島県は、南北に走る阿武隈高地と奥羽山脈により、会津地方・中通り・浜通りに三分されます。会津地方には阿賀野川、中通りには阿武隈川が流れており、浜通りはたくさんの河川が太平洋に注いでいます。過去の気象災害としては、台風による大雨、梅雨前線による大雨、大雪被害など、さまざまなものが記録されています。

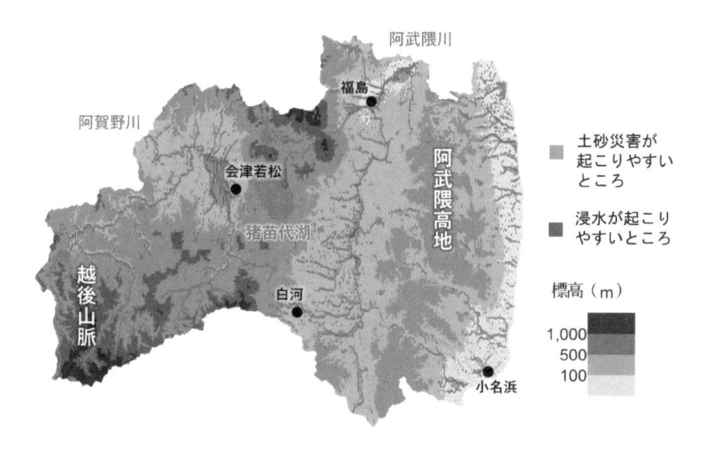

主な地点の気温と降水量

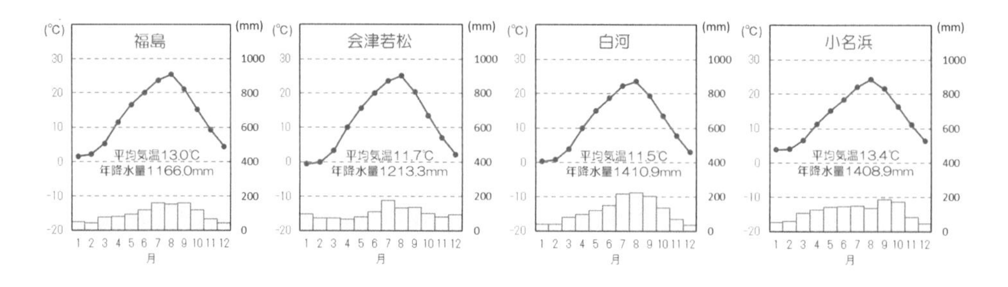

日最高気温(8月の平均)と日最低気温(1月の平均)

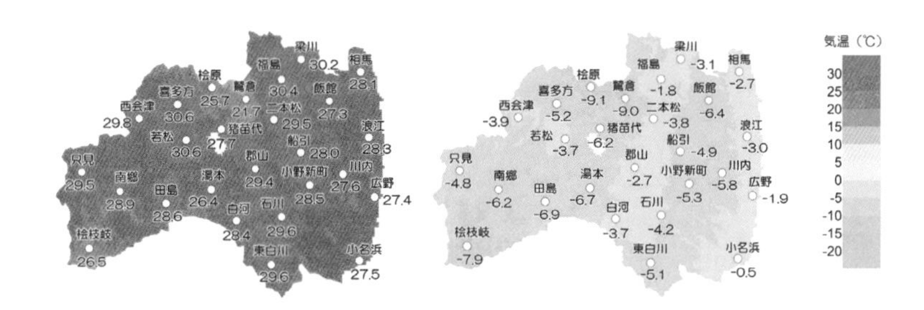

季節ごとの降水量の平年値

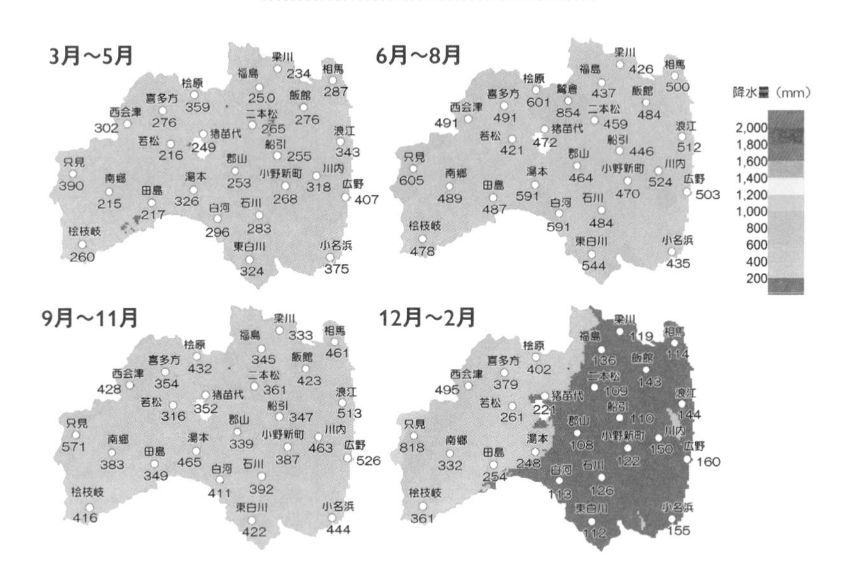

8月の最高気温は若松周辺でもっとも高く(30.6℃)、1月の最低気温は桧原周辺でもっとも低くなります(-9.1℃)。降水量は只見や西会津では冬(12～2月)に多く、それ以外の地域では夏(6～8月)に多くなります。

気象災害の歴史

過去には台風通過による暴風雨、梅雨前線による大雨のほか、1970（昭和45）年には暴風雪による災害も起こっています。

年月日	災害種別	死者・行方不明者数	被災地	概要
1948年 9月16日	暴風雨	16	全域	アイオン台風が福島県沖合を通過。中通りの阿武隈川が氾濫。安達郡旭村大字田沢明内地区で用水の堤防が決壊するなどの被害が出た。
1956年 7月14日～17日	大雨	35	会津地方	梅雨前線による大雨により、会津坂下町では濁流に見舞われ、被災者が1万500人に達した。西会津町の落合地区は地すべりで家屋14軒が倒壊、高田町松沢堤では家屋が押し流された。
1958年 9月25日～27日	暴風	25	全域	台風第22号が27日に福島県を通過。風雨のもっとも強かったのは26日夜半で、浜通りでは各地で300mm以上の記録的な豪雨をもたらした。
1970年 1月30日～31日	暴風雪	16	全域	昭和45年1月低気圧。異常に発達した低気圧のため県下全域が暴風雪に見舞われ、小名浜沖で貨物船が沈没した。
1989年 8月6日～7日	暴風雨	14	全域	台風第13号が福島県を縦断、猪苗代町で消防団員2人を含め車3台が大倉川に転落するなどの被害が出た。
PICK UP 1998年 8月26日～31日	大雨	11	全域	平成10年8月末豪雨。土砂災害により西郷村で7人が死亡したほか、大信村、白河市、岩代町でも人命が失われた。
2019年 10月12日～13日	大雨	32	全域	台風第19号による大雨により、多くの河川が氾濫した。とくに丸森町の被害が甚大だった。

“「高速地すべり現象」に襲われた福祉施設”

平成10年8月末豪雨

1998（平成10）年8月26日から27日にかけて、福島県南部に記録的な大雨が降りました。西郷村では24時間の降水量が600mmを超え、社会福祉施設「太陽の国」では土砂災害が起こって、入所者5人が命を落としました。

「太陽の国」の裏山は傾斜が10度しかなく、普通に考えるとがけ崩れが起こりにくい斜面です。どうしてそんなゆるい斜面で土砂災害が起こったのでしょうか。

このとき起こったのは、「高速地すべり現象」であったといわれています。高速地すべり現象とは、崩れた土砂が水を含んで液体のようになり、高速で流れていく現象です。「太陽の国」を襲った土砂は、2か所のがけ崩れによる土砂が、100m以上を高速で流れて建物を直撃していました。集中豪雨による大量の雨がきっかけとなり、通常は起こらないような現象が起こったと考えられています。

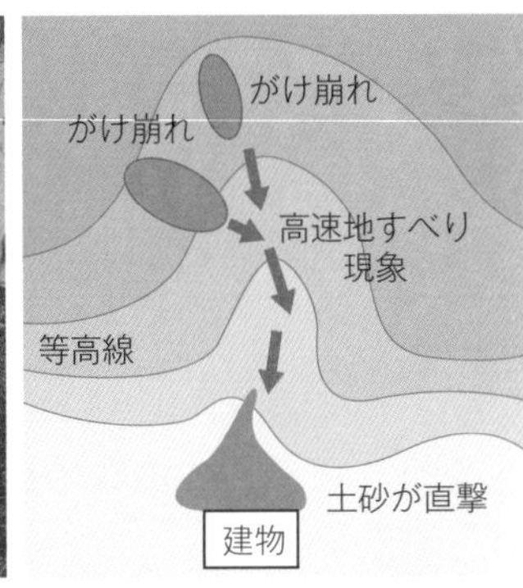

（左）土砂が直撃した社会福祉施設「太陽の国」の建物（出典：防災科学技術研究所主要災害調査）[40]。（右）土砂災害の様子。2か所のがけ崩れによる土砂が、高速地すべり現象によって流下し、施設の建物を直撃した。

茨城県

DATA

県の木／県の花	‣ウメ／バラ
県庁所在地	‣水戸市
面積	‣6097 km^2（24位）
人口	‣289万人（11位）[11]
主な日本一	‣レンコンの出荷量[12] ‣栗の出荷量[18] ‣1住宅あたりの敷地面積[11]

茨城県は、利根川、那珂（なか）川、久慈（くじ）川の3つの大きな河川が太平洋に流れ込んでいます。1938（昭和13）年にはこれらの川がいっせいに氾濫し、県の面積の5分の1が冠水したこともあります。また台風による大雨・強風被害なども過去に何度か起こっています。冬は乾燥しやすく、積雪はほとんどありません。

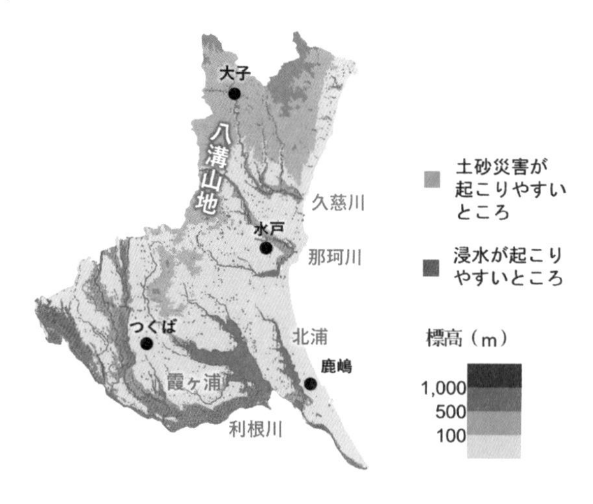

主な地点の気温と降水量

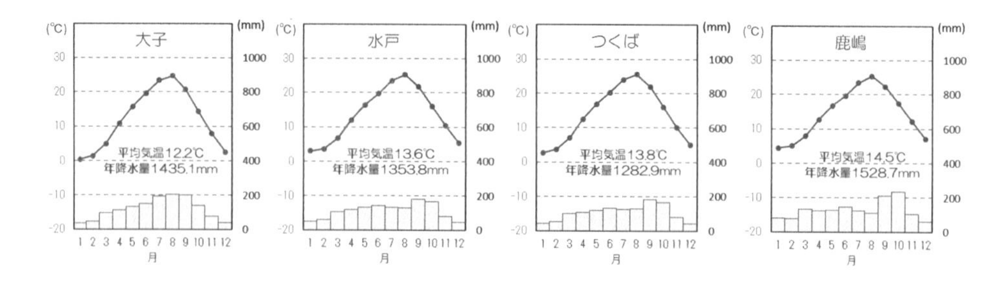

日最高気温(8月の平均)と日最低気温(1月の平均)

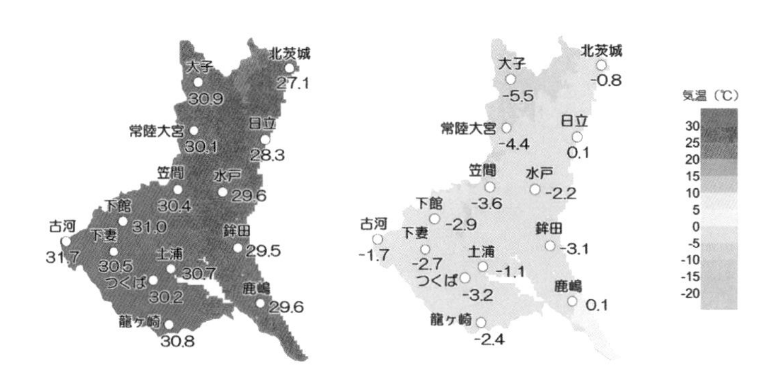

季節ごとの降水量の平年値

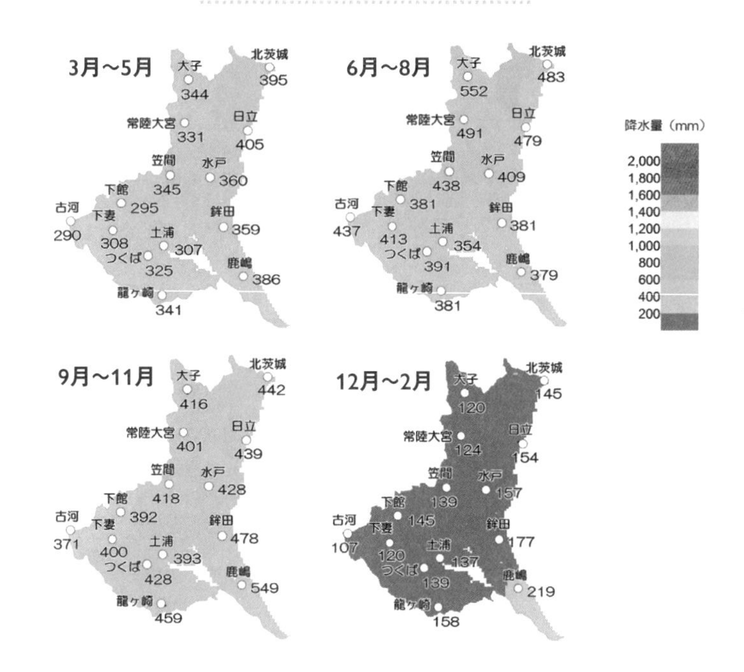

8月の最高気温は古河周辺でもっとも高く(31.7℃)、1月の最低気温は大子(だいご)周辺でもっとも低くなります(-5.5℃)。降水量は夏(6～8月)から秋(9～11月)に多く、冬(12～2月)は非常に少なく乾燥します。

気象災害の歴史

利根川、那珂川、久慈川などの下流に位置する茨城県は、河川の氾濫により過去に何度も大水害を経験してきました。また台風がしばしば通過するため、強風による被害も起こっています。

年月日	災害種別	死者・行方不明者数	被災地	概要
1902年 9月27日～28日	暴風雨	114	全域	台風の通過により、筑波山で風速72.1m/sを記録するなど暴風が吹き荒れ、河川の氾濫も起こった。
1917年 10月1日	暴風雨	132	全域	台風が茨城県を通過、中心気圧は947hPa以下で、強風により大きな被害が出た。全壊家屋1万軒以上。
PICK UP 1938年 6月28日 ～ 7月8日	大雨	49	全域	梅雨前線が停滞し、台風が銚子沖を通過したため大雨となった。利根川、小貝川、鬼怒川、那珂川、久慈川が氾濫し、冠水面積は県全体の5分の1にも及んだ。
1947年 9月15日	暴風雨	74	全域	カスリーン台風が房総半島南端をかすめて北東へ移動した。那珂川、利根川、小貝川、鬼怒川が氾濫し、大水害となった。
1961年 6月27日～30日	大雨	12	全域	昭和36年梅雨前線豪雨。27日から30日の各地の雨量は150～400mmに達し、各地で河川の氾濫が起こった。
2012年 5月6日	竜巻	1	県南	竜巻が常総市、つくば市、桜川市、筑西市を襲った。つくば市では家屋が倒壊し、室内にいた中学生が死亡した。
2015年 9月10日	大雨	3	県南	平成27年9月関東・東北豪雨。鬼怒川が氾濫し、常総市では2人が死亡したほか、2000人以上が救助された。

“魚つりに夢中であった”

小学生が記録した1938年の大水害

1938（昭和13）年6月28日から7月8日にかけて、茨城県地方に記録的な大雨が降り、県の5分の1が冠水するほどの大水害になりました。このとき水戸地方気象台で記録された6月の月降水量635.5mmは、現在も破られていない記録です。このときの水害の様子を、土浦尋常小学校の生徒たちが「大洪水文集」として記録に残しています[44]。小学生の目で見た大洪水の様子は、どのようなものでしょうか。

「6月29日、午後12時に授業をうちきった。ぼくらは喜び勇んで家へ走った。（中略）午前1時半頃さいれんが鳴った。僕は、いよいよ堤がきれたのかなと思っておきだした。（中略）僕が大洪水になるのかと思っているうちに、とうとう道もあるけない大洪水になってしまった」（5年生の児童）。

その後、冠水は約1か月も続きました。生活は不便でしたが、7月下旬になってやっと水が引き、地面を歩けるようになりました。その喜びを、6年生の児童が次のように書いています。

「僕は今日始めて地上を踏んだ。そうして24日まで魚つりに夢中であった。25日の朝になると僕はもう嬉しくてたまりませんでした。先生や友達と一しょに勉強ができると思うと今までのことはすっかり忘れてしまった」。

被害を受けながらも、明るさを取り戻す小学生の様子が、生き生きと伝わってきます。

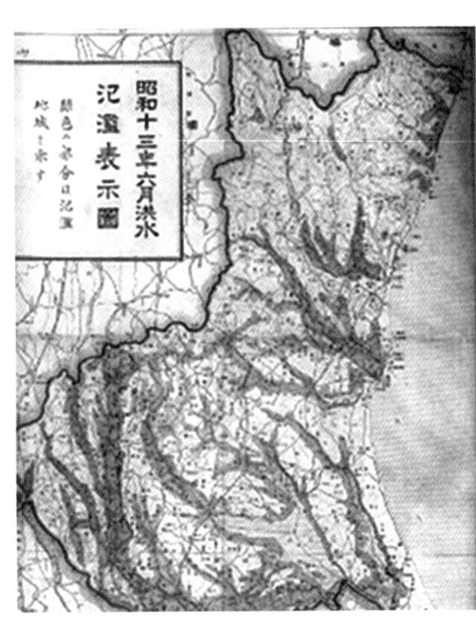

1938年6月の浸水域（緑色の部分）。茨城県の総面積の5分の1が冠水した（出典：『昭和十三年の茨城県水害誌』[45]）。

栃木県

DATA	
県の木／県の花	▸トチノキ／やしおつつじ
県庁所在地	▸宇都宮市
面積	▸6408 km^2（20位）
人口	▸196万人（19位）[11]
主な日本一	▸イチゴの出荷量[12] ▸ラジオ受信機の出荷額[13]

栃木県の北西部は2000m級の高い山々が連なり、台風が接近して湿った空気が流れ込むと、山にぶつかって大量の雨が降ります。過去には、山地で降った大雨が土砂災害を引き起こしたり、下流で水害を引き起こしたりしています。栃木県は内陸にあるため、最高気温と最低気温の差が大きい傾向があります。

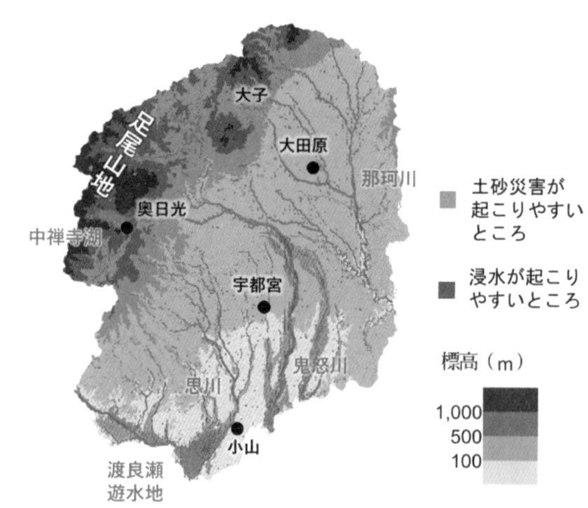

主な地点の気温と降水量

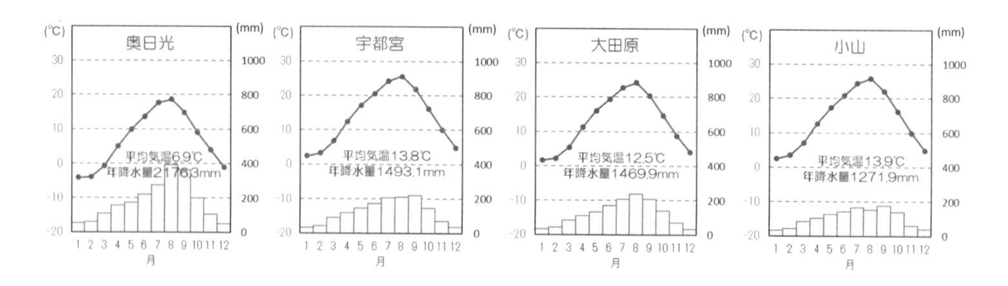

日最高気温（8月の平均）と日最低気温（1月の平均）

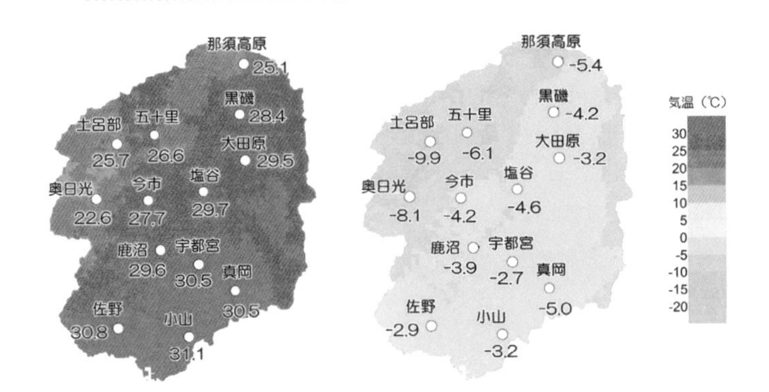

季節ごとの降水量の平年値

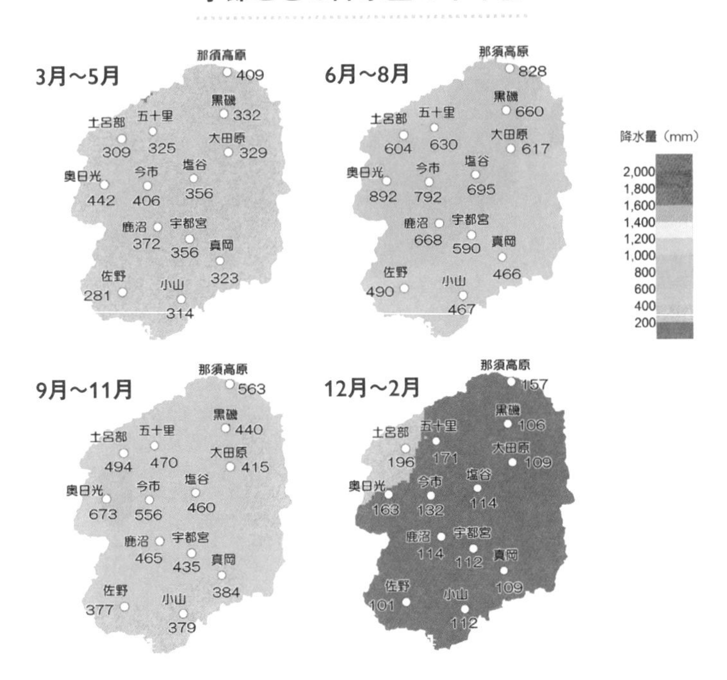

8月の最高気温は小山周辺でもっとも高く（31.1℃）、1月の最低気温は土呂部（どろぶ）周辺でもっとも低くなります（-9.9℃）。降水量は夏（6～8月）に多く、冬（12～2月）の降水量は少ない傾向があります。

気象災害の歴史

栃木県では台風が通過すると山地に大雨が降り、過去には土石流や洪水などで多くの人が犠牲になっています。また2017（平成29）年には高校生が雪崩に巻き込まれる災害が起きています。

年月日	災害種別	死者・行方不明者数	被災地	概要
1902年 9月25日～28日	暴風雨	219	全域	足尾台風。鬼怒川と渡良瀬川が氾濫した。家屋全壊8217軒。
1906年 7月25日～28日	暴風雨	63	全域	台風により渡良瀬川が氾濫し、人命が失われたほか、農作物にも被害が出た。
1914年 8月12日～13日	暴風雨	22	全域	台風により鬼怒川が氾濫。全壊家屋26軒、流出97軒。
1919年 9月14日～16日	暴風雨	43	全域	台風により倒壊家屋132軒。
1947年 9月14日～17日	暴風雨	437	全域	カスリーン台風。渡良瀬川が氾濫して足利市を中心に大災害となった。倒壊家屋1432軒、流失家屋817軒。
1966年 9月24日	暴風雨	12	全域	台風26号による被害。
1986年 8月4日～5日	暴風雨	6	茂木町ほか	台風第10号から変わった低気圧の接近により大雨となり、那珂川の氾濫により茂木町などで死者が発生、「茂木水害」とも呼ばれる。
PICK UP☞ 1998年 8月26日～31日	大雨	7	那須町周辺	東北地方に停滞していた前線に暖かく湿った空気が流れ込んで大雨となり、那珂川支流の余笹川などが氾濫し、大災害となった。
2017年 3月27日	雪崩	8	那須町	春山安全講習会に参加していた高校生が那須高原ファミリースキー場付近で雪崩に巻き込まれた。

中州に残された人を救助した警察官の話[48]

平成10年8月末豪雨

1998（平成10）年8月26日から27日にかけて、那須町に記録的な大雨が降りました。那須高原のアメダス観測所で記録された日降水量607mmは、2位の277mmを大きく引き離しています。

黒磯警察署のY警部補は「多羅沢川の中州に取り残された人がいる」との連絡を受け、同僚2人とともに現場に向かいました。そこでは川が濁流になり、中州に1人の男性が取り残されていました。男性を救助するには一刻の猶予もありません。目の前の濁流を見て「流されたらおしまいだ」と恐怖を感じましたが、最後は「助けなければならない」という使命感で、自ら救助に行くことを決心しました。

ロープを中州に投げ、男性に木の根元に縛ってもらい、ロープづたいに中州を目指しました。途中で何度も立往生しながら何とか中州にたどりつき、ぐったりしていた男性を背負いました。途中、バランスを崩して危ない場面がありましたが、何とか救助することができました。

数日後、男性が家族とともに警察署に来て「警察の人たちは命の恩人です」とお礼を言いました。男性によると、その日は家で寝ていたところ、家ごと流され、濁流にもまれながら何とか木にしがみついて救助を待ったとのことです。

濁流の中、ロープを使って男性を救助する警察官

群馬県

DATA

県の木／県の花	▸クロマツ／レンゲツツジ
県庁所在地	▸前橋市
面積	▸6362 km²（21位）
人口	▸196万人（18位）[11]
主な日本一	▸コンニャクイモの出荷量[49] ▸豆腐·油揚げの出荷額[13]

群馬県は山がちで、面積の約90%が標高100m以上の高地です。利根川の上流域に位置しており、ひとたび大雨が降ると、山地から低地へ大量の水が流れ込んできます。1947（昭和22）年のカスリーン台風では、各地で土石流や浸水が起こり、県内で699人が亡くなりました。内陸性の気候で、冬は冷え込み、夏は高温になる傾向があります。また、夏は雷雲が発生して落雷が起こることがあります。

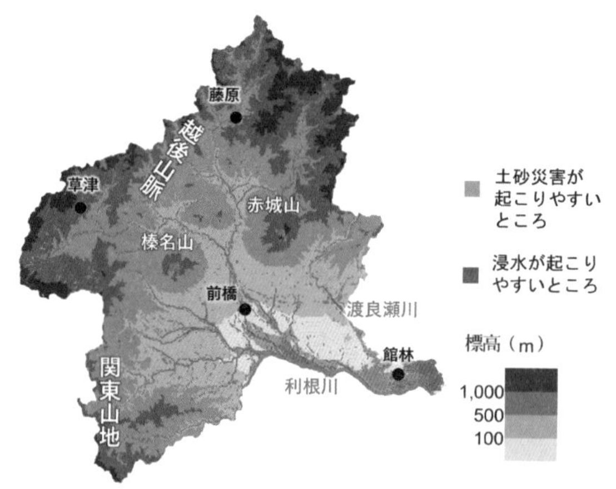

主な地点の気温と降水量

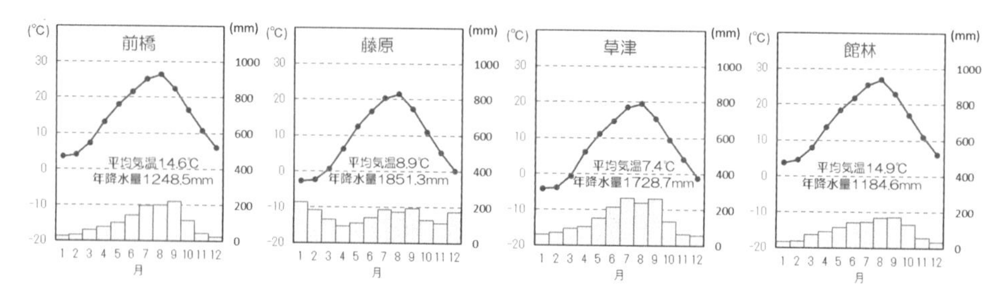

日最高気温(8月の平均)と日最低気温(1月の平均)

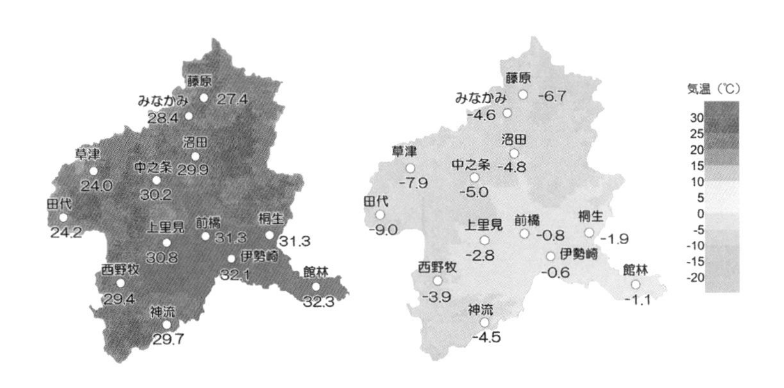

季節ごとの降水量の平年値

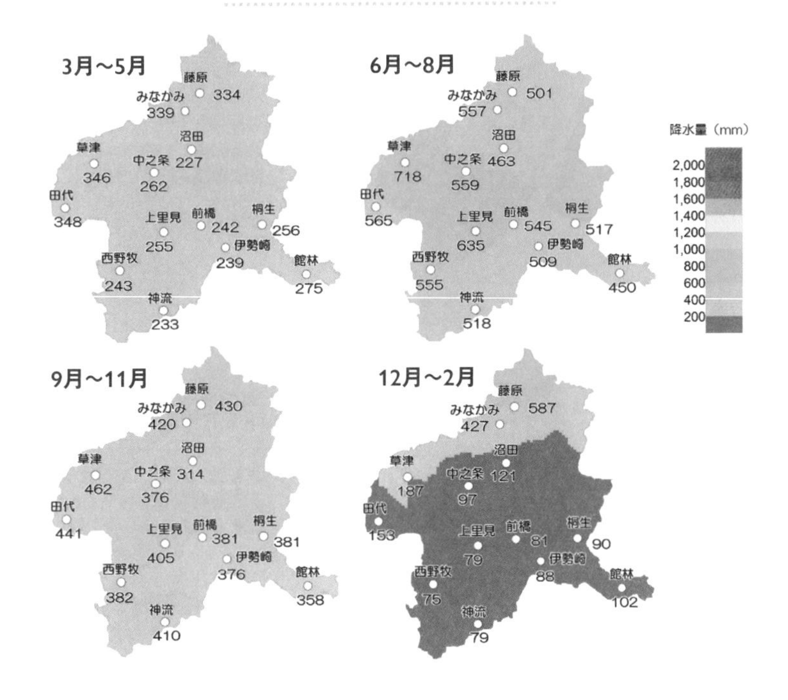

8月の最高気温は館林周辺でもっとも高く(32.3℃)、1月の最低気温は田代周辺でもっとも低くなります(-9.0℃)。降水量は夏(6～8月)に多い傾向がありますが、藤原などの北部の山地では冬(12～2月)にもかなりの降水があります。

気象災害の歴史

群馬県で起こった大災害のほとんどは台風によるものです。1966（昭和41）年以降は、一度に10人以上が亡くなる大災害は発生していません。

年月日	災害種別	死者・行方不明者数	被災地	概要
1910年 8月6日～14日	暴風雨	306	全域	台風と前線による大雨。館林町は大部分が冠水し、舟を使って移動するほどであった。
1928年 7月10日～14日	落雷	20	全域	各地で落雷が発生。感電による死者20人。
1935年 9月24日～26日	大雨	257	全域	台風による大雨が山崩れや土石流を引き起こし、1910年に匹敵する大被害となった。
1938年 8月31日 ～ 9月1日	暴風雨	34	全域	桐生市付近を通過した台風による大雨。家屋全壊238軒、流失家屋214軒。
PICK UP 1947年 9月14日～15日	暴風雨	699	全域	カスリーン台風。家屋全壊1936軒、床上浸水5万1247軒。降水量が多く大災害となった。
1949年 8月31日 ～ 9月1日	暴風雨	49	全域	キティ台風。台風は埼玉県・熊谷市から前橋市の西を通過、山岳部の雨量が多かったため、河川上流部の被害が多かった。
1959年 9月26日～27日	暴風	10	全域	伊勢湾台風による大雨と強風。全壊家屋536軒、床上・床下浸水847軒。
1966年 9月24日～25日	暴風雨	15	全域	台風第26号が群馬県の中央部を通過し、前橋で最大瞬間風速40.2m/sを観測した。風雨による被害が多かった。
1982年 7月31日 ～ 8月2日	暴風	6	全域	台風第10号の接近により、六合村で土砂崩れ、高崎市で雁行川氾濫、榛名町でマイクロバスの転落などが起こった。

花粉症とカスリーン台風

スギ植林のきっかけ

皆さんは、花粉症にかかっていませんか。春先から初夏にかけて、鼻水がとまらなくなったり、目がかゆくなったりして、悩んでいる人も多いと思います。ところで、日本中で大流行している花粉症と、1947（昭和22）年9月のカスリーン台風とが関係しているのを知っていますか[52]。

カスリーン台風（当時は、このように台風に女性の名前をつけて呼んでいました）は、9月11日にマリアナ諸島沖で発生し、その後、関東地方に接近しました。その影響で群馬県では記録的な大雨が降り、赤城山で土石流が発生し、ふもとの富士見村や大胡町でたくさんの犠牲者が出ました。さらに伊勢崎市、桐生市では河川の氾濫が起こり、群馬県内での死者・行方不明者は699人にも達しました。

当時、カスリーン台風の被害の原因として取りざたされたのが、森林の伐採でした。第二次世界大戦のため大量の木材が必要となり、日本各地で樹木が伐採されました。その結果、赤城山周辺ではほとんど木がなくなり、樹齢5〜6年の広葉樹がわずかに生えているのみだったといいます。そこに大雨が降ったため、大量の土砂が山からふもとへと流れ、土石流となって襲ったのです。

このような被害を受けて、赤城山をはじめとした、日本中の山々に、土砂災害を防ぐための植林が行なわれました。このとき、価値の高いスギが多く植えられました。一般にスギは、樹齢30年前後から大量の花粉を飛散するようになります。こうして1980年ころから日本の各地でスギ花粉が舞うようになり、花粉症の患者が急増したというわけです。

赤城山の登山道

埼玉県

DATA	
県の木／県の花	‣ ケヤキ／サクラソウ
県庁所在地	‣ さいたま市
面積	‣ 3798 km^2（39位）
人口	‣ 731万人（5位）[11]
主な日本一	‣ ユリの出荷量[22] ‣ ひな人形の出荷額[13] ‣ 昼夜間人口比率[11]

埼玉県は荒川の上流に位置しています。荒川はその名のとおり、氾濫を起こしやすい荒れ川で、かつては大水害を何度も引き起こしました。近年は河川の改修により、水害は少なくなってきています。埼玉県は、冬は冷え込みますが、山地を除いて雪はほとんど降りません。一方、夏の気温は高く、2018（平成30）年7月23日に熊谷で記録された日最高気温41.1℃は、日本歴代1位の記録です。

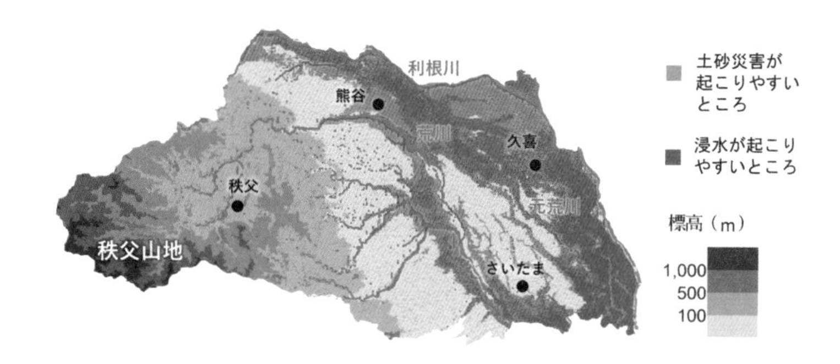

主な地点の気温と降水量

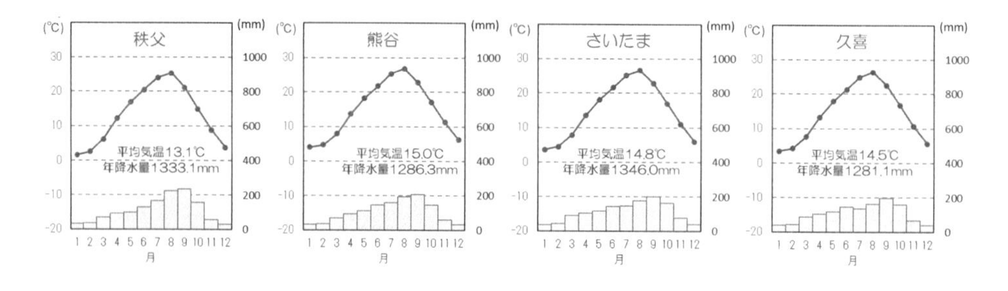

日最高気温（8月の平均）と日最低気温（1月の平均）

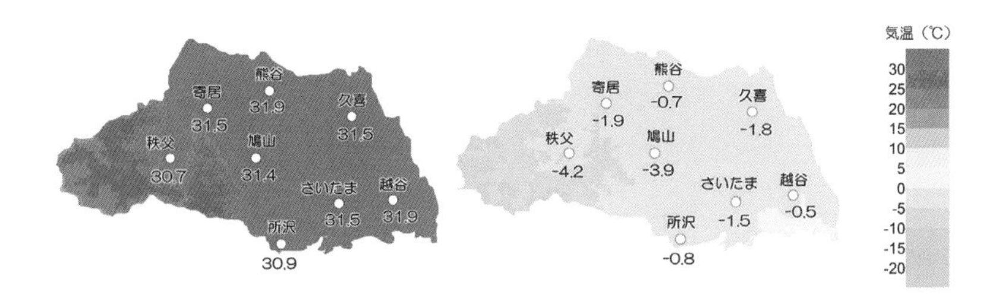

季節ごとの降水量の平年値

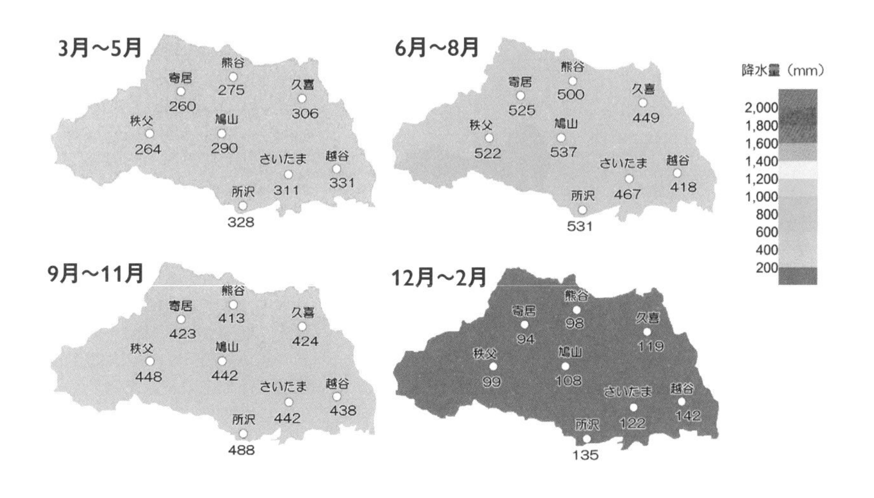

8月の最高気温は熊谷や越谷周辺で高く（31.9℃）、1月の最低気温は秩父山地でもっとも低くなります（秩父観測所で-4.2℃）。降水量は夏（6～8月）に多く、冬（12～2月）は乾燥する傾向があります。

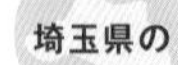

埼玉県の 気象災害の歴史

1910（明治43）年の台風や、1947（昭和22）年のカスリーン台風では、大雨によって河川が氾濫し、大水害が起こっています。その後、河川の改修が進み、氾濫は起こりにくくなりましたが、想定を超える大雨が降ると、今でも水害の危険があります。

年月日	災害種別	死者・行方不明者数	被災地	概要
1907年 8月22日～28日	暴風雨	41	全域	南方海上の2つの台風の影響により西部山地を中心に大雨となり、荒川が溢水して熊谷町が泥海になるとともに、北足立、比企、北埼玉、大里の各郡でも大きな被害が出た。
PICK UP☞ 1910年 8月1日～16日	大雨	347	全域	台風が房総半島を北東進して大雨となり、名栗村では期間の雨量は1216mmに達した。被害は名栗村、吾野村、浦山村、白鳥村、上吉田村、三沢村で激甚を極め、県の面積の24%が浸水した。
1947年 9月14日～15日	暴風雨	101	全域	カスリーン台風が房総半島付近を通過し、大雨が降った。県北部を流れる利根川が破堤し、氾濫した水が春日部町から吉川町に達した。被災は228市町村、34万人に及んだ。
1949年 8月30日 ～ 9月1日	暴風雨	12	全域	キティ台風が秩父地方を通過、中津川で448mmの雨量を記録した。
1966年 9月24日～25日	暴風雨	28	全域	台風第26号が秩父地方を通過、熊谷で41.0m/s、秩父で35.5m/sの最大瞬間風速を記録した。秩父でがけ崩れが続出、花園村や川本村では風の被害が大きかった。
1982年 8月1日～2日	暴風雨	4	全域	台風第10号による大雨が降り、県内全域に風と雨による被害が出た。

埼玉県民の怒り

1910年の大洪水

利根川の洪水を抑えるため、徳川家康の家臣であった伊奈忠次（1550-1610）は、現在の埼玉県熊谷市に「中条堤（ちゅうじょうてい）」を築きました。中条堤とは、川幅を狭くして水があふれやすいようにし、大雨のときに上流の熊谷でわざと氾濫を起こして、下流の江戸に流れる水の量を減らすものです。このようなしくみを「遊水地」と呼んでいます。

中条堤は、建設されてから300年にわたって利根川の治水に利用されてきました。しかし1910（明治43）年の大水害では、遊水地に水がいっぱいになり、ついに中条堤が壊れて周囲に水があふれ出しました[5]。その結果、大水害となり、たくさんの埼玉県民が命を落としました。

東京を守るため、埼玉県が犠牲になったかたちですが、埼玉県民の怒りはすさまじく、中条堤は廃止されました。現在の利根川は、上流のダムや別の遊水地で水の量を調整しています。

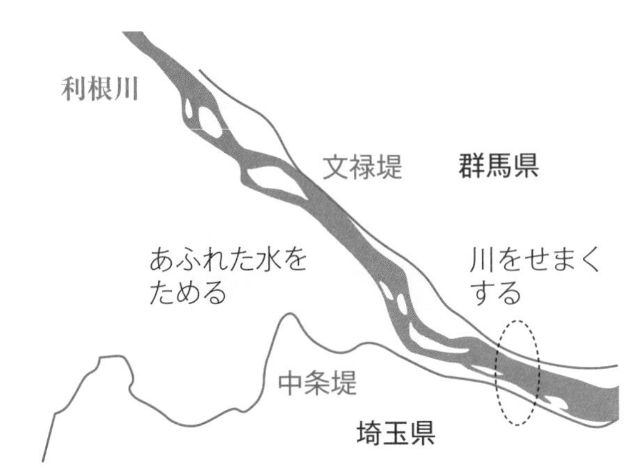

中条堤の模式図。川を狭くしてわざと氾濫を起こし、あふれた水を漏斗の形をした土地にためる。

千葉県

DATA

県の木／県の花	‣マキ／菜の花
県庁所在地	‣千葉市
面積	‣5158 km^2（28位）
人口	‣625万人（6位）[11]
主な日本一	‣落花生の出荷量[49] ‣しょう油·食用アミノ酸の出荷額[13]

千葉県は太平洋に突き出ているので、台風が上陸しやすい県です。1917（大正6）年の東京湾台風では、「大正6年大津波」（実際には高潮）が発生し、200人近い死者が出ました。また暴風によって海難事故が起こりやすい地域でもあります。海流の影響で気候は温暖で、冬はあまり冷えこまず、夏の暑さもそれほどではありません。降水量は北部より南部で多く、9月から10月にかけてとくに多くなります。

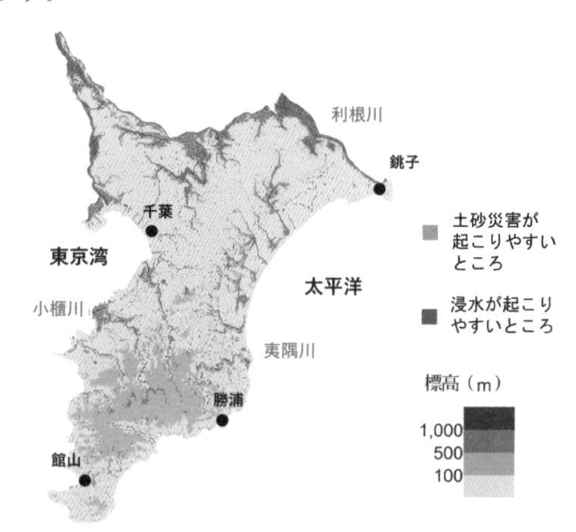

主な地点の気温と降水量

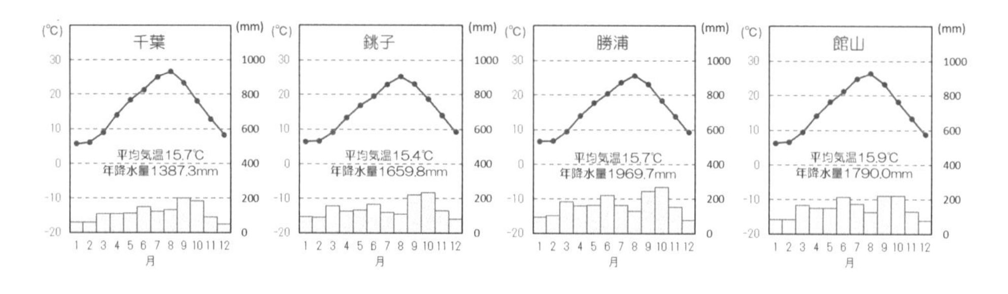

日最高気温（8月の平均）と日最低気温（1月の平均）

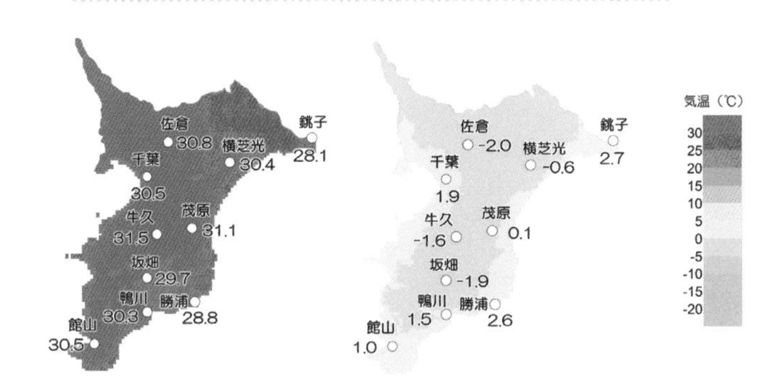

季節ごとの降水量の平年値

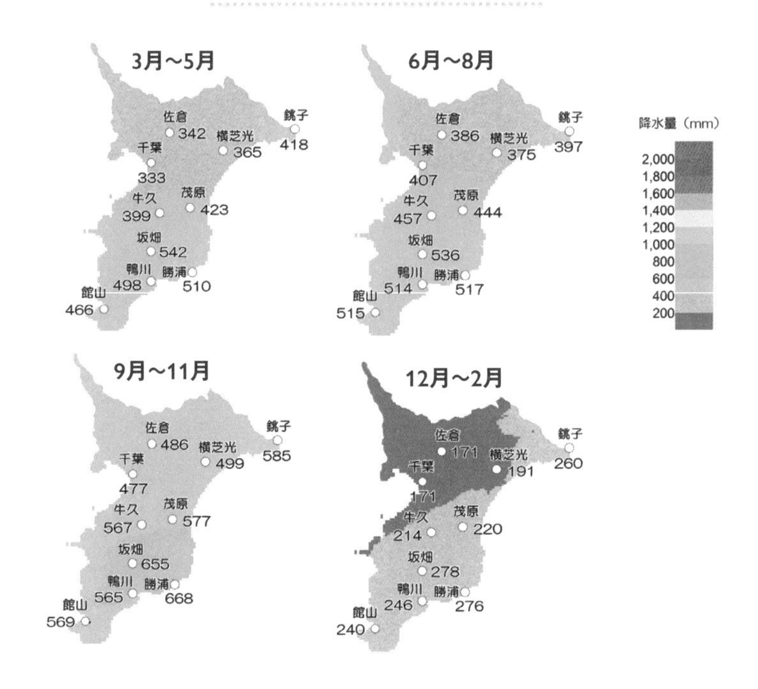

8月の最高気温は牛久（市原市）周辺でもっとも高く（31.5℃）、1月の最低気温は坂畑周辺でもっとも低くなります（-1.9℃）。降水量は秋（9～11月）に多く、季節を通して県の南部で降水量が多い傾向があります。

気象災害の歴史

過去の大災害の多くは、台風の通過が引き起こした大雨や暴風、海難事故によるものです。とくに1917（大正6）年の東京湾台風による高潮は、東京湾に面した地域に大きな被害をもたらしました。

年月日	災害種別	死者・ 行方不明者数	被災地	概要
1903年 10月2日	暴風雨	130	銚子沖	低気圧の通過により、銚子で風速28.8m/sを記録、漁船15隻が転覆した。
1910年 3月12日	暴風雪	327	銚子沖	急速に発達した低気圧の影響で、銚子沖から鹿島灘一帯が暴風雪に襲われ、マグロ漁船34隻が帰還せず。
PICK UP 1917年 9月30日 ～ 10月1日	高潮 暴風雨	207 以上	東葛飾郡	東京湾台風。浦安町から五井町にいたる沿岸一帯は未曽有の高潮に襲われた。とくに被害が大きかったのは浦安町、南行徳村、行徳町、東葛村、船橋町など。
1932年 11月14日～15日	暴風雨	31	全域	台風の影響で、とくに県南部で大雨が降り、260か所で堤防が決壊した。
1948年 9月16日	暴風雨	23	全域	アイオン台風。太平洋沿岸では風速40m/sを記録。住家全壊1521軒を記録した。
1970年 7月1日	大雨	19	県南部	低気圧と前線に伴う集中豪雨により、県南部の丘陵地帯で大災害となった。
1971年 9月6日～7日	暴風雨	56	全域	台風第25号の通過により記録的な大雨になり、勝浦では総雨量559mmを記録した。人的被害のほとんどはがけ崩れによる。
1990年 12月11日	竜巻	1	茂原市	茂原市に竜巻が発生、約7分間のうちに深刻な被害をもたらした。家屋全壊82軒。

“絵葉書で伝えられた災害”

大正6年大津波

1917（大正6）年10月1日未明、駿河湾から上陸した台風によって東京湾で高潮が発生し、千葉県内では浦安町（現在の浦安市）から五井町（現在の市原市）沿岸で大水害になりました。とくに浦安町では壊滅的な被害を受けたと言われています。この災害は「大正6年大津波」として伝えられています[58]。起こったのは津波ではなく高潮なのですが、被災者の目には、海水が大津波となって押し寄せたように見えたのでしょう。

災害が発生すると、今ならテレビで映像が全国に伝えられます。しかし当時は、まだテレビやラジオのない時代でした。そこで災害の様子を全国に伝えるために、絵葉書が使われました。

写真は大正6年大津波の様子を撮影した絵葉書で、東京・羽田の様子を伝えています。民家の1階が完全に浸水し、屋根の穴から桶を持った女性と赤ちゃんを抱いた女性が上半身を出しています。そこへ2人の男性が、木箱のようなものに乗って話しかけています。

絵葉書の表にはフランス語で「CARTE POSTALE」（「はがき」の意味）と書かれていて、大正時代らしくモダンなデザインになっています。

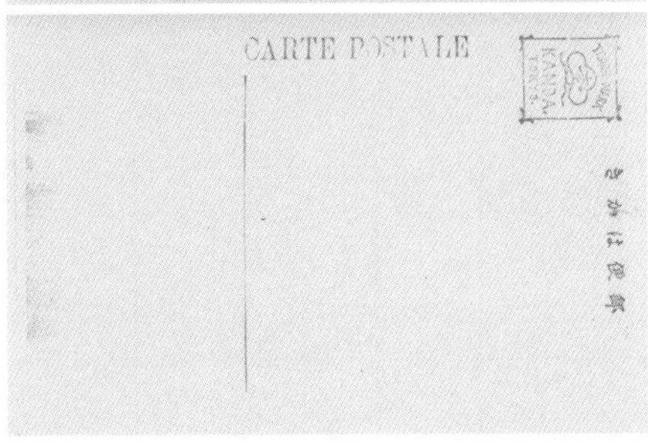

大正6年大津波を伝える絵葉書。「（大正六年十月一日暴風被害）羽田付近の惨状」と書かれている。

東京都

DATA

都の木／都の花	▸イチョウ／ソメイヨシノ
都庁所在地	▸新宿区
面積	▸2194 km²（45位）
人口	▸1372万人（1位）[11]
主な日本一	▸人口密度[11] ▸第三次産業従業者数[11]

東京都の人口は1372万人で、そのうち176万人が海面よりも低い、いわゆる海抜ゼロメートル地帯に住んでいます。海抜ゼロメートル地帯で浸水が起こると、水の深さが数メートル以上にもなるおそれがあり、大きな被害が出る可能性があります。大島や八丈島は23区に比べて降水量が多く、とくに八丈島では2倍近い降水量が観測されます。一方、父島は23区よりも降水量が少なく、1年を通して温暖な気候です。

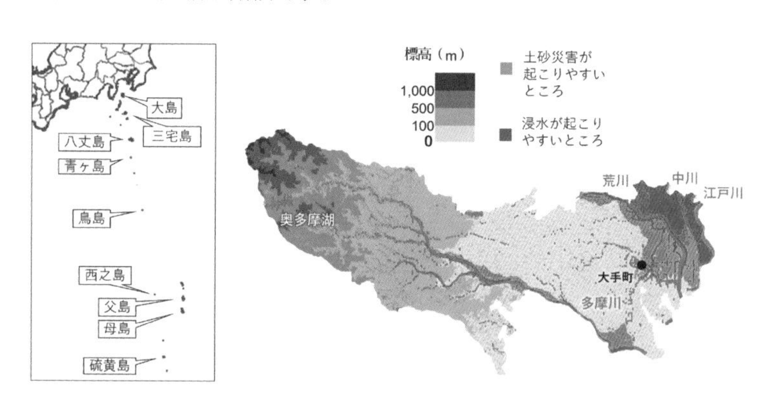

主な地点の気温と降水量

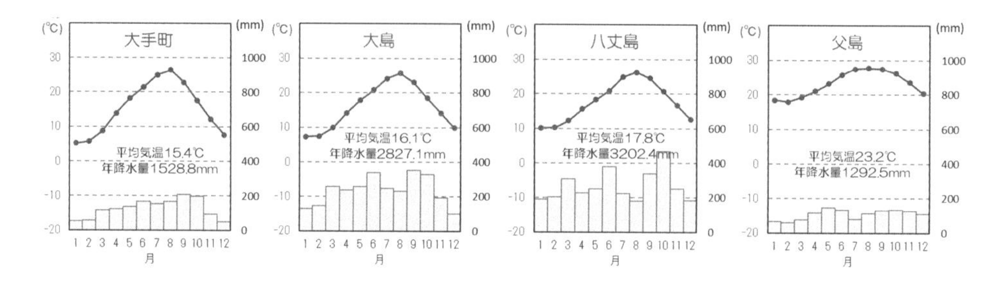

日最高気温(8月の平均)と日最低気温(1月の平均)

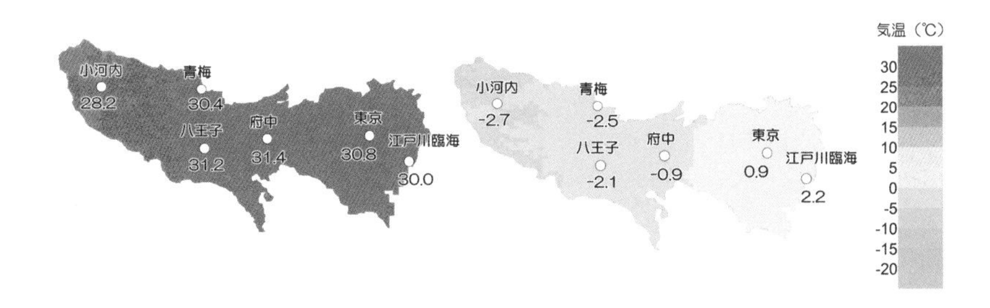

季節ごとの降水量の平年値

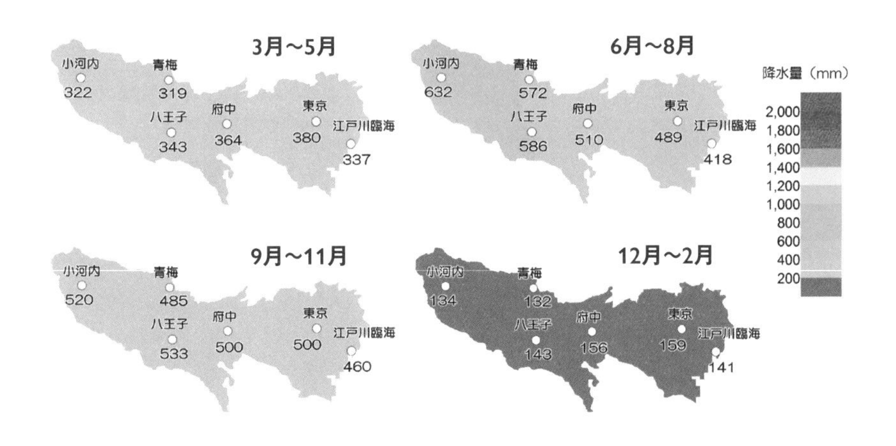

東京都区部・多摩地区では、8月の最高気温は府中周辺でもっとも高く(31.4℃)、1月の最低気温は小河内周辺でもっとも低くなります(-2.7℃)。降水量は夏(6～8月)に多く、冬(12～2月)には非常に少なくなります。

気象災害の歴史

主に台風が原因で災害が発生していて、過去には東京湾での高潮や、荒川の氾濫によって大きな被害が出ています。

PICK UP ☞（1947年）

年月日	災害種別	死者・ 行方不明者数	被災地	概要
1910年 8月5日～16日	暴風雨	48	荒川・ 中川流域	梅雨前線と、2つの台風が関東地方に豪雨をもたらした。南足立郡の半分、北豊島郡の北半分、南葛飾郡の7割、下谷・浅草・本所・深川の4区が海のようになった。
1917年 10月1日	高潮	全国で 1304	東京湾 沿岸	大正6年大津波。台風が関東地方を通過し、東京で最低気圧952.7hPa、月島で最高潮位3.1mを記録した。京橋区で死者24人、深川区で死者79人、葛西村で死者230人など。
1947年 9月14日～15日	暴風雨	8	全域	カスリーン台風に伴う大雨によって、北埼玉郡東村で利根川が氾濫、埼玉県を流下して東京を襲った。被災者は35万7473人にも達した。
1949年 8月30日 ～ 9月1日	暴風雨 高潮	18	東京湾 沿岸	キティ台風が関東地方に上陸。その上陸が満潮時刻に一致したため、江戸川などの河口地域で浸水が起こった。
1958年 9月26日～28日	暴風雨	39	全域	狩野川台風が神奈川県三浦半島に上陸。東京都では記録的な大雨となり、山の手から下町まで水害が発生、浸水家屋は33万軒に達した。一方、死傷者の多くは住宅密集域でのがけ崩れが原因であった。
2013年 10月15日～16日	大雨	40	大島町	台風第26号の接近により伊豆大島で824mmの24時間降水量を記録。土砂災害により大きな被害が発生した。

昔の流れを覚えていた利根川

1947年のカスリーン台風

利根川は日本を代表する河川で、その流域面積は日本一を誇ります。この利根川が、昔は東京湾に流れ込んでいたのを知っていますか。

下の図は1000年前と現在の利根川を比べたものです。利根川はもともと東京湾のほうに流れていたのですが、何度も氾濫を起こすので、江戸時代に大規模な工事を行ない、太平洋に流れ込むように流路を変えました。これによって江戸の街は安心して暮らせるようになったのです。

1947（昭和22）年9月14日から15日にかけて、カスリーン台風が関東地方に接近し、大雨になりました。埼玉県東村（現在の加須市）で堤防が決壊し、大量の水がそのまま南下して東京の街を襲いました。このときの水の流れは、1000年前の流路に沿うものでした。利根川が、まるで昔の流れを思い出したかのように、東京湾に向かって流れ込んだのです。このため、東京都では10万戸を超える家屋が浸水し、35万人以上が被害を受けました[60]。

このように、川は昔の流れを「覚えて」いるものなのです。

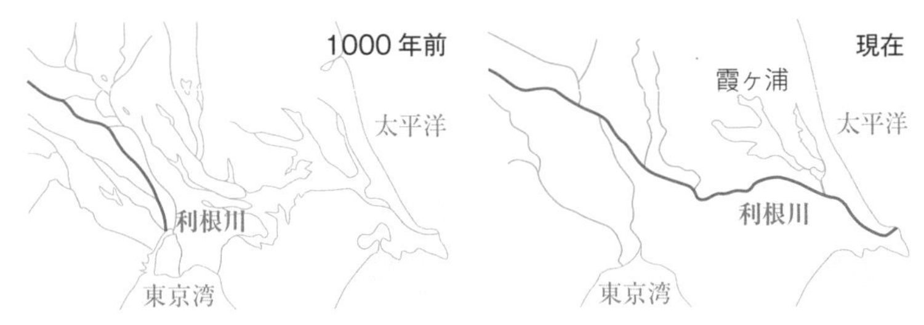

（左）1000年前の利根川は東京湾に流れ込んでいた。（右）現在の利根川。江戸時代に、太平洋に流れ込むように流路を変える工事を行なった[61]。

神奈川県

DATA

県の木／県の花	▸イチョウ／ヤマユリ
県庁所在地	▸横浜市
面積	▸2416 km^2（43位）
人口	▸916万人（2位）[11]
主な日本一	▸自動車車体・附随車の出荷額[13] ▸教員1人あたりの児童数[11]

神奈川県は相模湾と東京湾に面していて、海流の影響で沿岸部は温暖な気候です。西部の山岳域で降水量が多く、東部ではそれほど多くありません。ただし太平洋から上陸する台風には要注意で、過去には大雨や高潮によって、大きな被害が出ています。とくに1958（昭和33）年の狩野川台風では、横浜市でがけ崩れによってたくさんの犠牲者が出ました。冬の積雪はあまり多くなく、西部の山岳域でも50cm未満です。

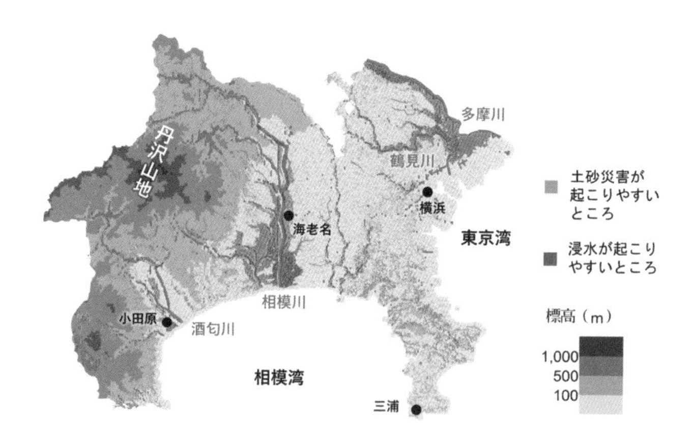

主な地点の気温と降水量

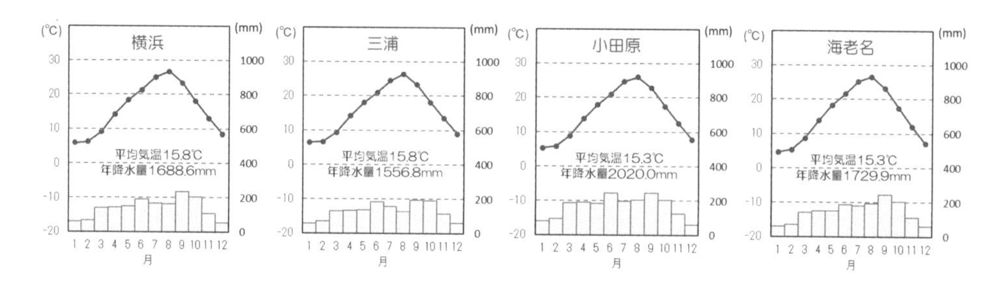

日最高気温（8月の平均）と日最低気温（1月の平均）

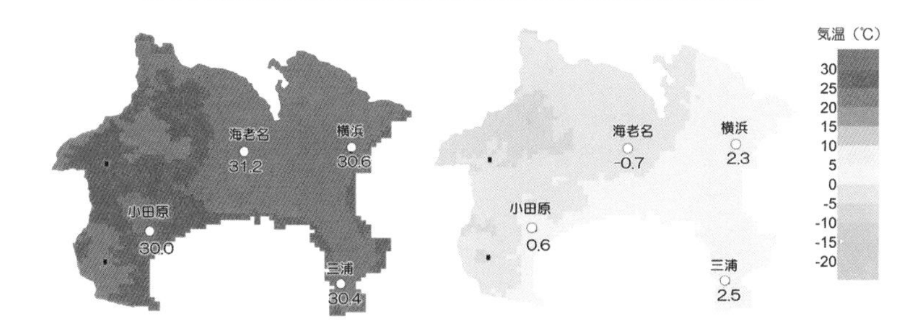

季節ごとの降水量の平年値

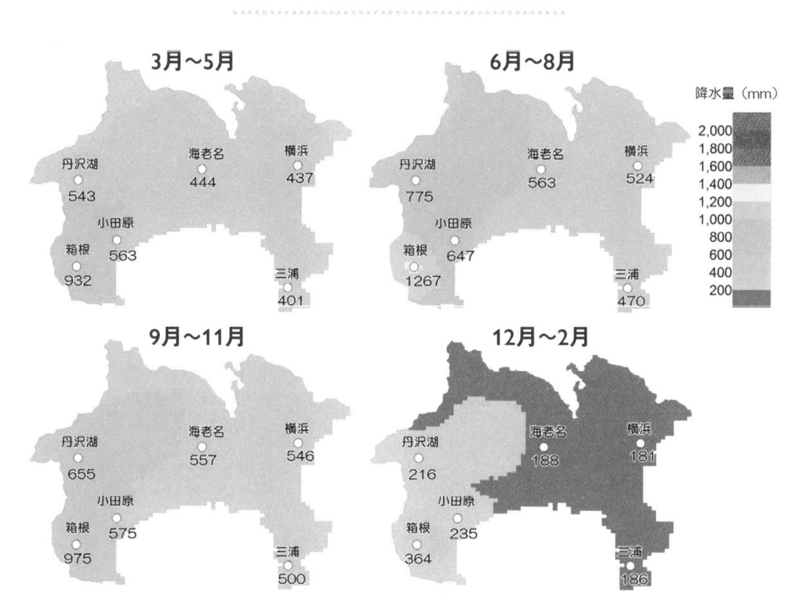

8月の最高気温は海老名周辺でもっとも高く（31.2℃）、1月の最低気温は県北西部の丹沢山地でもっとも低くなります。降水量は春（3～5月）から秋（9～11月）にかけて多く降り、冬（12～2月）には少なくなります。

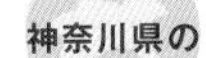

気象災害の歴史

神奈川県は、台風の上陸によって大きな被害を受けています。とくに横浜市はがけ崩れの多い都市で、1958(昭和33)年の狩野川台風では、横浜市内で61人もの方が亡くなっています。

年月日	災害種別	死者・ 行方不明者数	被災地	概要
1902年 9月28日	高潮	72	湘南	房総半島に台風が上陸し、横浜では最低気圧960.9hPaを記録。湘南では高潮が発生し、大きな被害となった。
1917年 9月30日 ～ 10月1日	高潮	60	沿岸部	中心気圧が946.6hPaの猛烈な台風が沼津付近に上陸、県内沿岸部に高潮が押し寄せ、とくに杉田海岸や川崎で大きな被害が出た。
1937年 7月14日～17日	大雨	42	県西部	梅雨前線の停滞により、丹沢周辺で降水量が500mmを超え、土砂災害などの被害が続出した。
1938年 6月27日 ～ 7月4日	大雨	53	横浜市・ 川崎市 ほか	梅雨前線と2つの台風により大雨が続いた。死傷者のほとんどはがけ崩れによるものであった。
1958年 9月26日～27日	大雨	93	全域	狩野川台風が横浜を通過、記録的な大雨が降り、堤防の決壊やがけ崩れで大きな被害が出た。
1961年 6月24日～29日	大雨	56	全域	梅雨前線と熱帯低気圧の接近により、横浜では24時間降水量が200mmを超え、各所でがけ崩れが発生した。
1966年 6月28日	大雨	37	全域	台風第4号が関東の南海上を通過。大雨により約600か所でがけ崩れが発生、鶴見川をはじめとする河川が氾濫した。
1999年 8月14日	大雨	15	山北町 津久井町	熱帯低気圧に伴う大雨。玄倉川ではキャンプをしていた人が中州に取り残され、13人が流された。

“江戸時代の堤防工事”

富士山噴火と酒匂川の氾濫

1707（宝永4）年、富士山が噴火しました。火山灰は風に乗って東へ流れ、神奈川県には大量に積もりました。神奈川県を流れる酒匂川では、深いところでは川底に6mもの火山灰が積もったといわれています[64]。これによって川底が上がり、雨が降るたびに酒匂川が氾濫を起こすようになってしまいました。

江戸幕府は田中丘隅に命じて、酒匂川の復旧に取り組みました[65]。田中丘隅は、切れてしまっていた堤防を復旧させるために、多くの住民に協力を依頼しました。

田中丘隅は、まず堤防の上に中国の治水の神である禹王を祭りました。次に住民に対して、そこへ参拝する者は石をもってくるか、土を運んで踏み固めるように命じました。このようにして、住民にも堤防の復旧に参加してもらうことで、防災意識を高めつつ、堤防の改修を行なったといわれています。住民参加による治水の先がけです。

富士山の宝永火口。1707年の大噴火によって形成された（kazushimizu/PIXTA）。

新潟県

DATA

県の木／県の花	‣雪椿／チューリップ
県庁所在地	‣新潟市
面積	‣12584 km² (5位)
人口	‣227万人 (15位)[11]
主な日本一	‣水稲の収穫量[50] ‣米菓の出荷額[13]

新潟県は信濃川や阿賀野川など大きな河川の下流に位置していて、広大な越後平野では米作がさかんです。しかし、過去の越後平野は水はけが悪く、生産される米も「鳥またぎ」(鳥も食べない)などと悪口を言われていました[67]。その後、河川の改修が進み、おいしい米を安心して生産できる土地に生まれ変わりました。冬は積雪の多い地域で、山地では積雪深が3mを超える場所もあります。

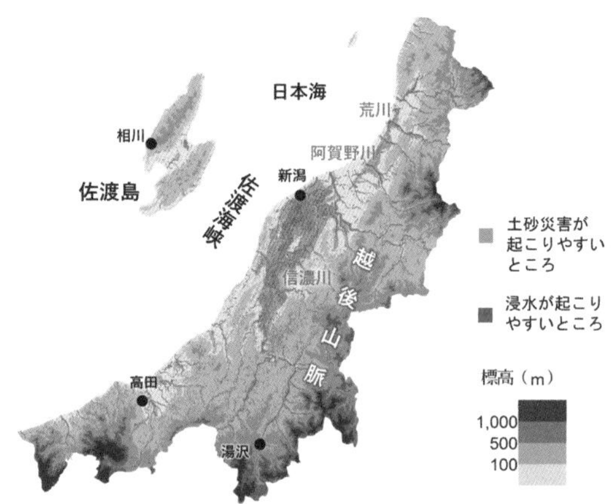

主な地点の気温と降水量

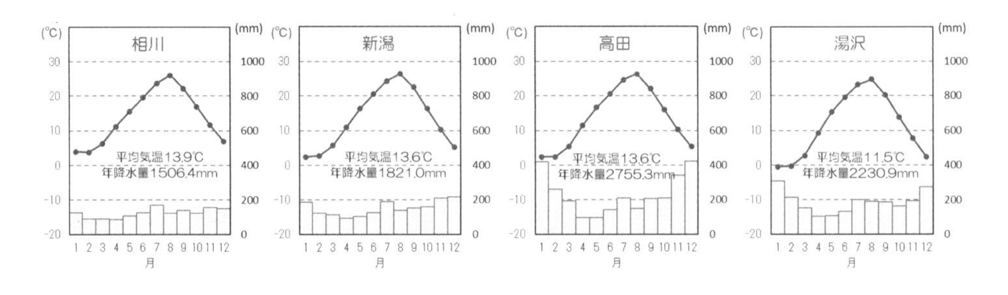

日最高気温(8月の平均)と日最低気温(1月の平均)

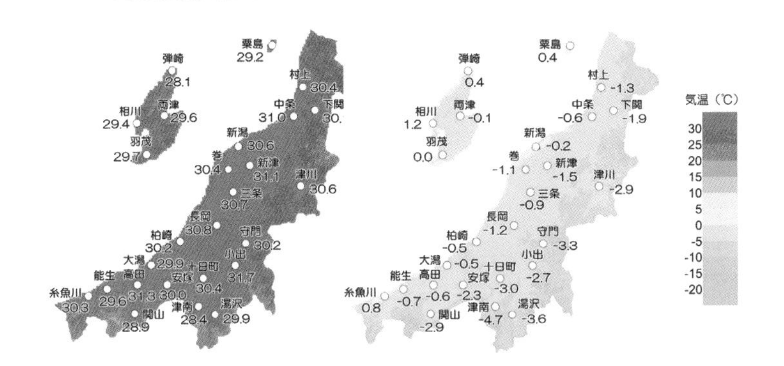

季節ごとの降水量の平年値

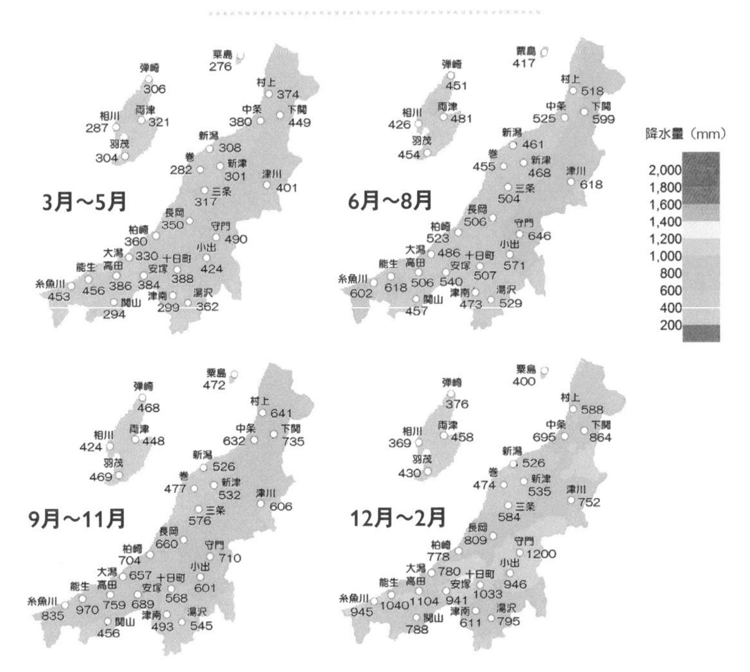

8月の最高気温は小出周辺でもっとも高く(31.7℃)、1月の最低気温は津南周辺でもっとも低くなります(-4.7℃)。降水量は冬(12~2月)に多く、春(3~5月)には少なくなります。

新潟県の

気象災害の歴史

信濃川の氾濫は1896（明治29）年の「横田切れ」や1917（大正6）年の「曽川切れ」が有名で、それぞれ大水害になりました。いったん河川が氾濫すると、浸水が長期化しやすい土地です。また大雪、雪崩などの災害も頻繁に起こっています。

年月日	災害種別	死者・ 行方不明者数	被災地	概要
PICK UP 1896年 7月22日	大雨	75 （死傷者）	信濃川 下流	「横田切れ」。現在の燕市横田で信濃川の堤防が決壊、新潟市にいたる地域が4か月間泥海となった。
1917年 10月2日	大雨	76 （死傷者）	信濃川 下流	「曽川切れ」。新潟市江南区天野地先で信濃川の堤防が決壊し、泥海となって5万人が苦しんだ。
1961年 9月16日	暴風雨	36	全域	第二室戸台風。最低気圧925hPaの台風が室戸岬に上陸、能登半島から佐渡付近を通過した。強風により大きな被害となった。
1962年12月 ～ 1963年2月	大雪	12	全域	サンパチ豪雪。冬型の気圧配置が継続し、各地で大雪となった。多数の集落が孤立し、住家や施設の倒壊も相次いだ。
1967年 8月28日～29日	大雨	134	下越	羽越豪雨。前線帯と低気圧により記録的な大雨が降り、阿賀野川などが氾濫、土砂災害が相次いだ。
1978年 5月18日	融雪 地すべり	13	新赤倉 温泉	融雪により妙高高原町で地すべりが発生、土石流となって新赤倉温泉地区を襲った。
1983年12月 ～ 1984年3月	大雪	34	全域	津南で416cmの積雪を記録するなど、各地で大雪となった。
1986年 1月26日	雪崩	13	西頚城郡	柵口雪崩災害。権現岳中腹で発生した雪崩が1800mを流下、集落を襲った。
2004年 7月13日	大雨	15	上越	平成16年7月新潟・福島豪雨。五十嵐川、刈谷田川が破堤したほか、土砂災害が相次いだ。

“東洋のパナマ運河”

信濃川・大河津分水路

昔の信濃川は、しばしば大水害を引き起こしていました。とくに1896(明治29)年7月22日の「横田切れ」では、あふれた水が4か月も引かず、周囲に伝染病が広がって大災害になりました[70]。明治政府は信濃川の流量を調整するため、分水路の建設にとりかかりましたが、設計が悪く、1927(昭和2)年には堰が陥没して動かなくなりました。その復旧工事の指揮をとったのが、青山士(あきら)でした。

青山は若いころ、単身アメリカに渡り、パナマ運河の建設に参加した経験がありました。アメリカでは最初は下働きでしたが、その能力が認められ、パナマ運河の重要な箇所の設計を任されるようになりました。現地はマラリアや黄熱病が蔓延する厳しい環境でしたが、青山はそれに耐え、立派に仕事を成し遂げて帰国しました。

青山の指揮のもと、1931(昭和6)年に大河津分水路が完成しました。その仕事は高く評価され、大河津分水路は「東洋のパナマ運河」とも呼ばれています[71]。

大河津分水路。信濃川の水の一部を日本海へ導き、流量を調整する(nagomi_camera/PIXTA)。

富山県

DATA

県の木／県の花	▸立山杉／チューリップ
県庁所在地	▸富山市
面積	▸4248 km²（33位）
人口	▸106万人（37位）[11]
主な日本一	▸医薬品原薬の出荷額[13] ▸不登校による中学校長期欠席生徒の比率の少なさ[11]

富山県は日本海に面しており、冬は季節風の影響で、県内のほとんどの地域で50cmを超える積雪があります。また梅雨前線の影響を受け、6～7月にまとまった雨が降ります。過去には大雪の被害のほか、大雨による河川の氾濫などが起こっています。

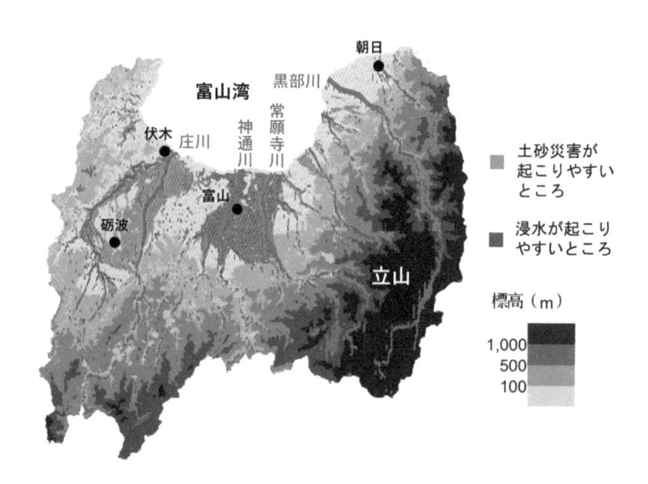

主な地点の気温と降水量

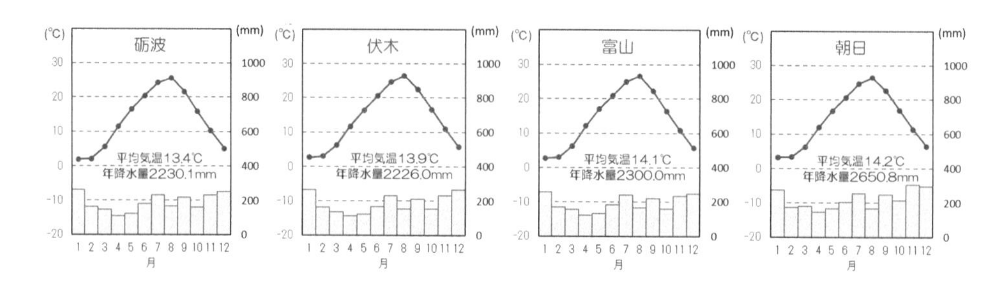

日最高気温（8月の平均）と日最低気温（1月の平均）

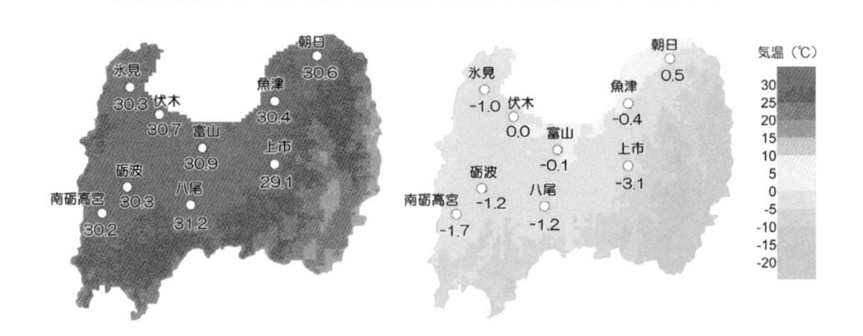

季節ごとの降水量の平年値

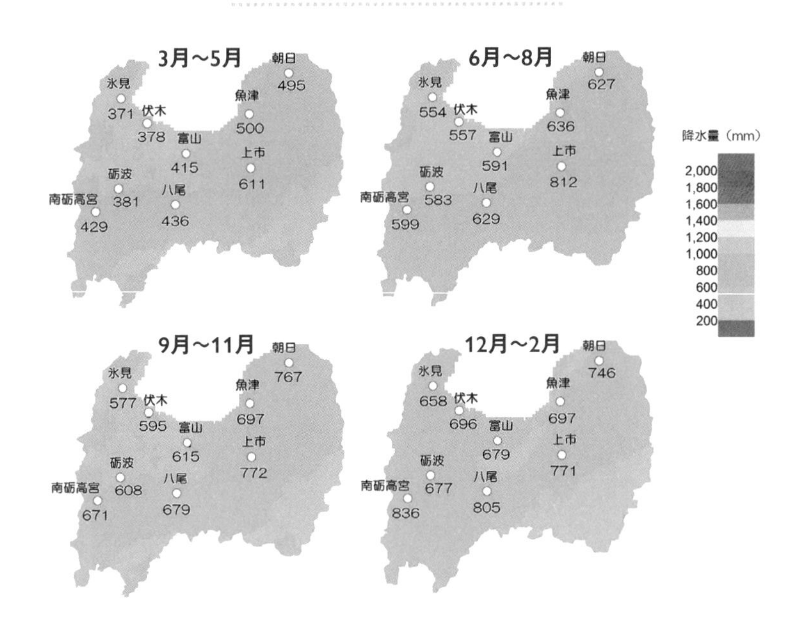

8月の最高気温は八尾周辺でもっとも高く（31.2℃）、1月の最低気温は立山周辺でもっとも低くなります（上市観測所で-3.1℃）。年間を通して降水量が多く、県東部では夏（6～8月）、県西部では冬（12～2月）に降水量のピークがあります。

富山県の

気象災害の歴史

富山県では、川の氾濫や、台風による船の遭難などによって大きな災害が起こっています。また豪雪による被害が何度も起こっています。

年月日	災害種別	死者・ 行方不明者数	被災地	概要
1914年 8月13日	大雨	114以上	全域	台風の接近に伴う豪雨。神通川、常願寺川をはじめ多くの河川が氾濫し、富山市、婦負郡、上新川郡で大きな被害が出た。
1921年 9月26日	暴風	500以上	全域	台風の通過により、出漁中の漁船約150隻の乗組員500人が行方不明となった。
1934年 7月9日～12日	豪雨	31	全域	豪雨により県下の各河川が大増水し、沿岸地域に氾濫が発生した。
1940年 1月25日～30日	大雪	53	全域	富山市で208cmの積雪を記録。家屋倒壊、雪崩などにより死者多数。
1961年 9月16日	暴風雨	9	全域	第二室戸台風。富山市で最大瞬間風速39.6m/sを記録。住家全壊124軒。
1963年 1月～3月	大雪	16	全域	サンパチ豪雪。富山市で186cm、伏木で225cmの積雪深を記録。全壊家屋52軒。
1981年 1月～3月	大雪	24	全域	56豪雪。富山市で積雪が160cmに達するなど、平地でも大雪が降り、雪おろし中の転落、建物の損壊、用水溢水による床上・床下浸水が続出した。
1984年 1月～3月	大雪	21	全域	59豪雪。積雪深は56豪雪ほどではなかったが、融雪が遅れて積雪期間としては最長の記録となり、大きな被害が出た。

“日本には日本の砂防がある”

常願寺川の砂防工事

1858（安政5）年、現在の北陸地方や岐阜県を大きな地震が襲いました。飛越地震です。立山周辺も大きく揺れ、鳶山（とんびやま）と呼ばれる地形が大崩落を起こし、一夜にして姿を消しました[74]。その結果、大雨が降るたびに大量の土砂が常願寺川に流れ込み、土石流が富山市を襲うようになりました。

明治時代になると、オランダ人技師デ・レイケの指導のもと、常願寺川の改修工事が始まりました。ヨーロッパの土木工事は、できるだけコンクリートを使わず、環境に配慮して、木材や砂利を積み上げる方法が主流でした。しかし流れの急な立山では、この方法では無理がありました。

大正時代になると、国が直轄事業として立山の砂防工事を行なうことになり、39歳の赤木正雄が工事担当者として派遣されました。現地を下見した赤木はこう言いました。「ここでは欧州のやり方は通用しない。日本には日本の砂防のやり方がある」。こうして、1939（昭和14）年にコンクリート造りの白岩砂防堰堤が完成しました。白岩砂防堰堤は、国の重要文化財に指定されています。

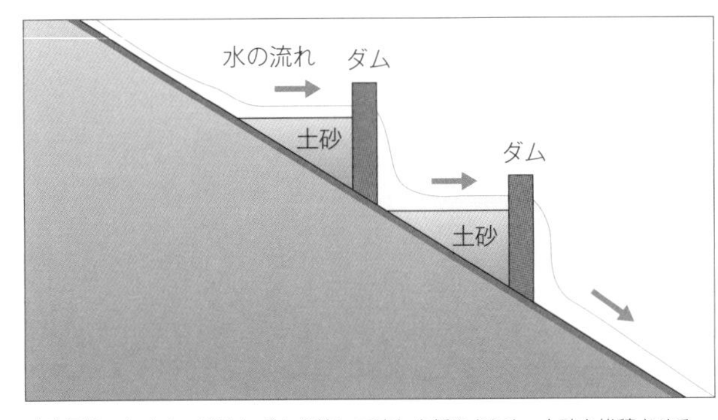

砂防堰堤のしくみ。渓流にダムを築いて流れを緩やかにし、土砂を堆積させる。

石川県

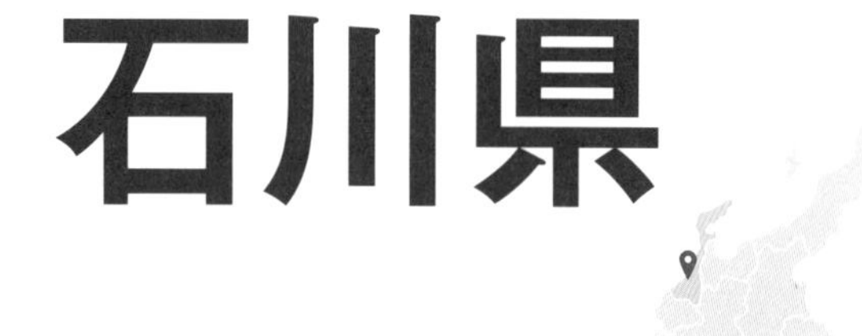

DATA

県の木／県の花	‣アテ／クロユリ
県庁所在地	‣金沢市
面積	‣4186 km²（35位）
人口	‣115万人（34位）[11]
主な日本一	‣フグ類の漁獲量[75] ‣コンピューター外部記憶装置の出荷額[13] ‣中学校卒業者の進学率[11]

県の広い範囲が日本海に面しており、季節風の影響を受けるため、冬は降雪が多く、とくに県南東部の山岳地域では大雪が降ります。また梅雨前線や台風によって大雨が降ることがあり、1961（昭和36）年の第二室戸台風などで大きな被害を受けています。

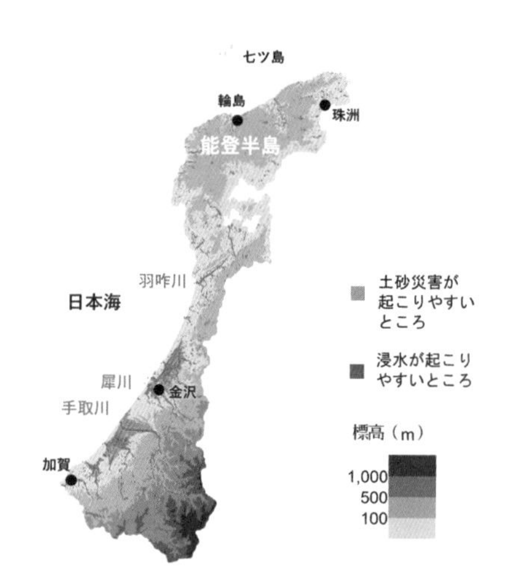

主な地点の気温と降水量

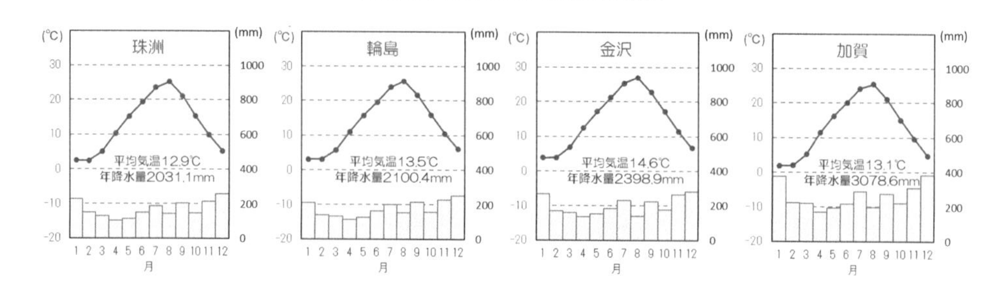

日最高気温（8月の平均）と日最低気温（1月の平均）

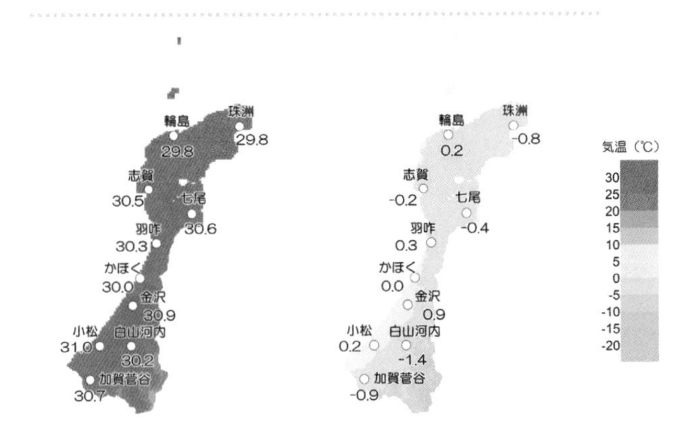

季節ごとの降水量の平年値

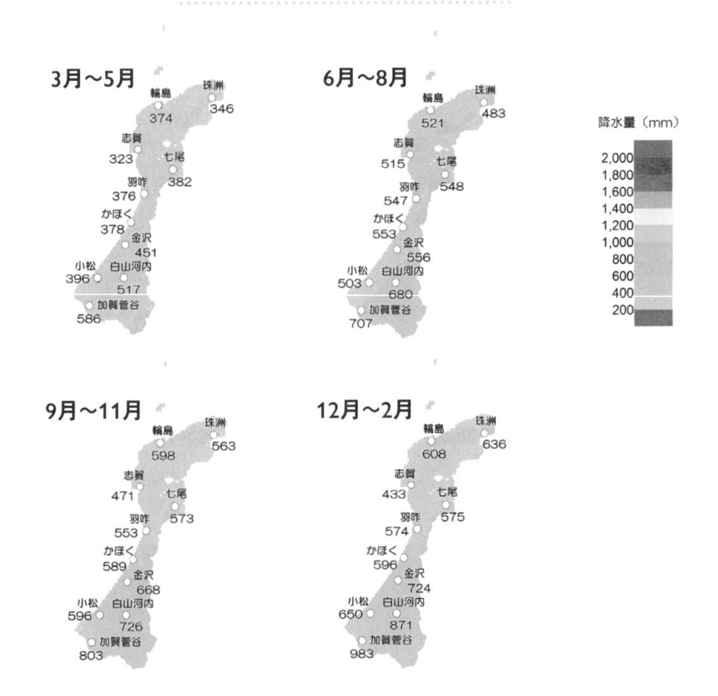

8月の最高気温は小松周辺でもっとも高く（31.0℃）、1月の最低気温は県南東部の山地でもっとも低くなります（白山河内観測所で-1.4℃）。降水量は一部の地域を除き、冬（12～2月）にもっとも多くなります。

石川県の

気象災害の歴史

石川県は、梅雨前線による大雨や台風による被害のほか、1963（昭和38）年のサンパチ豪雪など、大雪被害を経験しています。2008年には浅野川が氾濫し、金沢市に災害救助法が適用されました。

年月日	災害種別	死者・行方不明者数	被災地	概要
1896年 8月1日～2日	大雨	73	手取川 梯川	豪雨により、手取川、梯川などが氾濫し、床上浸水2120軒の被害が出た。
1917年 10月1日	暴風	30	能美郡	台風に伴う豪雨で選鉱沈殿池が決壊し、鉱夫家族が犠牲になった。
1940年 1月～2月	大雪	31	全域	金沢市で180cmの積雪を記録し、家屋倒壊や雪崩などで大きな被害が出た。
1950年 9月3日	暴風雨	20	全域	ジェーン台風。金沢測候所開設以来の暴風となり、災害救助法が適用された。
1956年 7月15日～16日	大雨	8	能登半島	能登半島を襲った雨は、猛烈な雷鳴を伴う豪雨となり、大水害となった。
1961年 9月16日	暴風雨	13	全域	第二室戸台風。台風が石川県を通過、金沢で最大瞬間風速30.7m/sを記録した。
1963年 1月～2月	大雪	25	全域	サンパチ豪雪。北陸地方の平野部は記録的な大雪となり、交通機関の不通、家屋倒壊、浸水などの被害が相次いだ。
1964年 7月17日～19日	大雨	8	金沢 津幡	金沢、津幡を中心に200mm前後の豪雨となり、家屋浸水やがけ崩れが発生した。
2008年 7月28日	大雨	0	金沢市	前線の影響により浅野川上流部で大雨となり、浅野川が55年ぶりに氾濫して大きな被害が出た。

“洪水を知らせた犬”

津幡町の忠犬伝説

「忠犬」といえば東京のハチ公が有名ですが、石川県津幡(つばた)町では、洪水を知らせた忠犬の伝説が残っています[78]。

1944(昭和19)年春、大雨が降ったある日のことです。津幡地区の通称「平谷(へいだん)」に住む女性が畑が心配で見に行くと、一匹の犬が畑を駆け回り、今にも飛びつかんばかりにしていました。不審に思って辺りを見ると、隣の田んぼが水浸しになっていたので、急いで区長に伝えました。調べてみると、近くの堤が決壊しそうになっていたため、近くの住民で土のうを積み、大事には至りませんでした。その堤には古くから不動明王を奉ってあり、犬に姿を変えて堤の決壊をの知らせてくれたのではないかとうわさになったそうです。

過去の災害の記録を調べてみると、1944年7月19日～22日に「北陸地方の大豪雨で、手取川、浅野川は1丈、犀川(さいがわ)では5尺と各河川とも増水のために、被害を生じた」[76]とあるので、この物語はこのときの出来事と思われます。

IRいしかわ鉄道の4周年記念につくられた津幡駅の号車表示。忠犬伝説にちなんで犬の肉球がデザインされている(毎日新聞社/アフロ)。

福井県

DATA	
県の木／県の花	▸ マツ／スイセン
県庁所在地	▸ 福井市
面積	▸ 4191 km² (34位)
人口	▸ 78万人 (43位)[11]
主な日本一	▸ 鰆(さわら) 類の漁獲量[75] ▸ 手すき和紙の出荷額[13] ▸ 眼鏡(枠を含む)の出荷額[13]

福井県は、梅雨前線による大雨や台風による暴風雨、さらに冬の大雪など、さまざまな被害を経験しています。とくに1953(昭和28)年9月の大雨では、小浜市などで大水害になりました。きびしい自然を克服し、コシヒカリをはじめとする品質のよい米や、越前ガニなどの海産物、越前和紙・越前漆器などの伝統工芸品を生産しています。

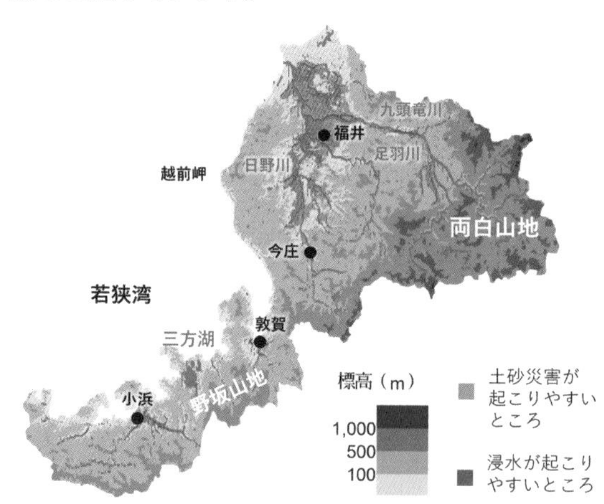

主な地点の気温と降水量

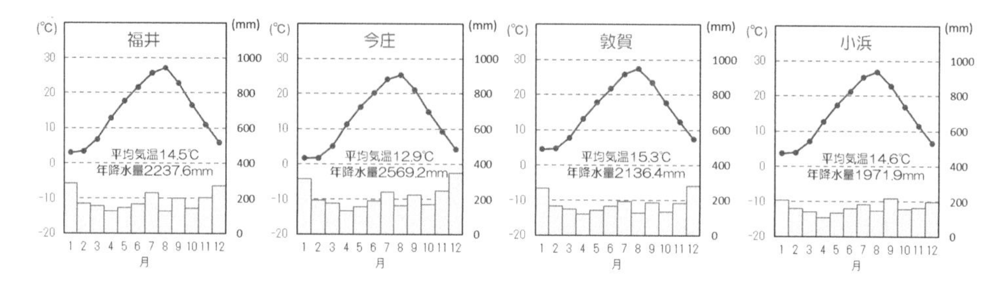

日最高気温(8月の平均)と日最低気温(1月の平均)

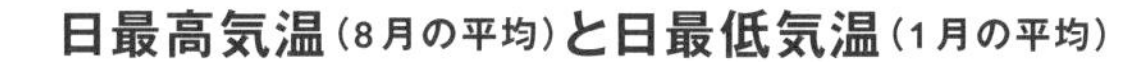

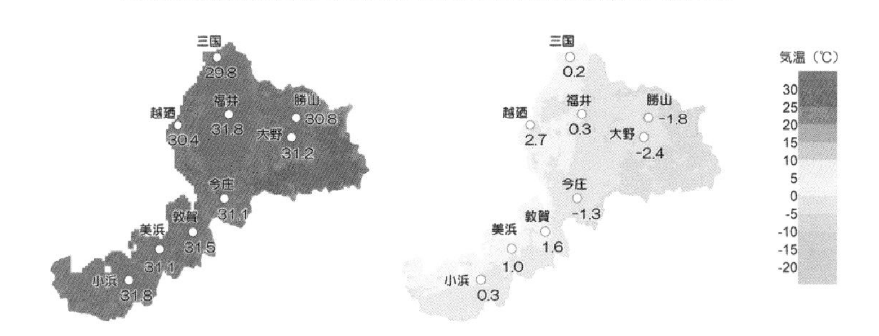

季節ごとの降水量の平年値

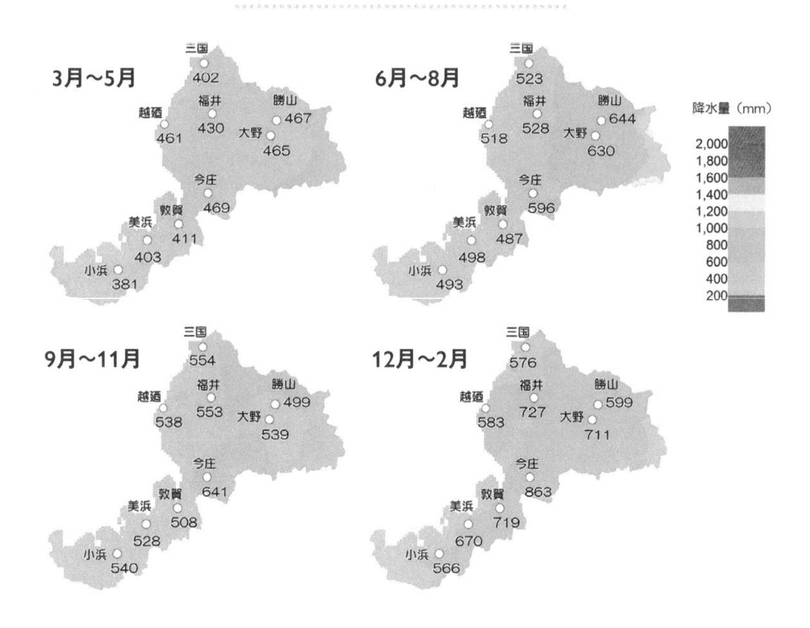

8月の最高気温は福井や小浜周辺でもっとも高く(31.8℃)、1月の最低気温は両白山地でもっとも低くなります(観測所のある大野で-2.4℃)。降水量は山地の一部を除き、冬(12～2月)にもっとも多くなります。

気象災害の歴史

梅雨前線に伴う集中豪雨、台風の通過による暴風雨、山地の土砂災害、大雪など、いろいろな気象災害を経験しています。とくに1953（昭和28）年9月の台風と前線による大雨では、小浜市を中心に死者100人を超える大きな被害が出ています。

年月日	災害種別	死者・行方不明者数	被災地	概要
1950年 9月3日～4日	暴風雨	15	全域	ジェーン台風。福井地方気象台では最大瞬間風速40.7m/sを記録し、各地で被害が出た。
1953年 9月22日～26日	大雨	137	全域	台風と前線による大雨。雨量は小浜市中名田で700mmに達し、大水害となった。
1959年 9月26日～27日	暴風雨	34	全域	伊勢湾台風の通過により、大野郡和泉村では鉄砲水が発生、一瞬にして20数人が流された。
1963年 1月～2月	大雪 雪崩	25	全域	サンパチ豪雪。福井市で213cmの積雪を観測するなど大雪となったほか、雪崩が発生した。
1965年 9月10日～18日	暴風雨	33	全域	台風第23号、前線による集中豪雨、台風第24号の3つが福井県を襲い、大きな被害が出た。
1981年 1月～3月	大雪	15	全域	56豪雪。敦賀測候所では開設以来最深の196cmの積雪を記録し、大きな被害となった。
1989年 7月9日～17日	大雨	15	越前町	梅雨前線による大雨により、国道305号線で岩盤が崩壊、マイクロバスの乗客が犠牲となった。
2004年 7月18日	大雨	5	嶺北地方	梅雨前線に伴う集中豪雨。美山町では総降水量が285mmに達し、各地で浸水被害が発生した。
2018年 1月～3月	大雪	14	全域	平成30年2月豪雪。自動車内での一酸化炭素中毒や、除雪中の事故により犠牲者が出た。

古代天皇による治水工事

継体天皇の伝説

川の氾濫を防ぐための工事を治水工事といいます。日本の治水工事はいつごろから始まったのでしょうか。

古墳時代には、すでに古代の天皇によって治水工事が行なわれていました。たとえば大阪府の淀川沿いにある「茨田堤（まんだのつつみ）」は、4世紀に仁徳天皇が築いたといわれています。当時すでに大規模な古墳をつくる土木技術があり、堤防をつくることもできたのです。

福井県では5世紀から6世紀にかけて、継体天皇が九頭竜（くずりゅう）川、足羽川、日野川などの治水工事を行なったといわれています[80]。もともと福井平野は川の水が海に流れにくく、泥地が広がっていたのですが、継体天皇が中心となって治水工事を行なうことにより、水はけがよくなり、農業が大いに発展したということです。のみならず、福井県の伝統工芸である越前漆器も、継体天皇が最初につくらせたといわれています。まさに現在にいたる福井県の発展の基礎をつくった天皇といえるでしょう。

継体天皇像（越前市・味真野苑）（ウッチー/PIXTA）

山梨県

DATA

県の木／県の花	▸カエデ／フジザクラ
県庁所在地	▸甲府市
面積	▸4465 km^2（32位）
人口	▸82万人（42位）[11]
主な日本一	▸ブドウの出荷量[18] ▸モモの出荷量[18] ▸人口あたりの図書館数[11]

山梨県は山に囲まれた盆地が多く、降水量が少ない県です。その分、日照時間が長いため、果樹の栽培には適していて、ブドウやモモの出荷量は日本一を誇ります。ふだんは降水量の多くない県ですが、台風によって大きな被害が出ることがあります。また2014（平成26）年2月には記録的な大雪が降り、交通渋滞や家屋の被害など、大きな災害になりました。

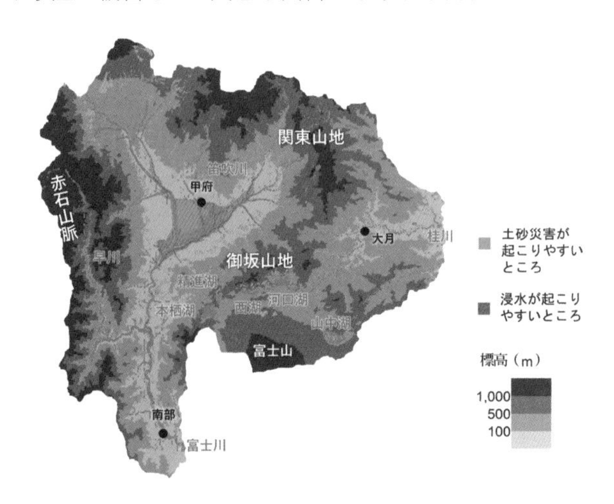

主な地点の気温と降水量

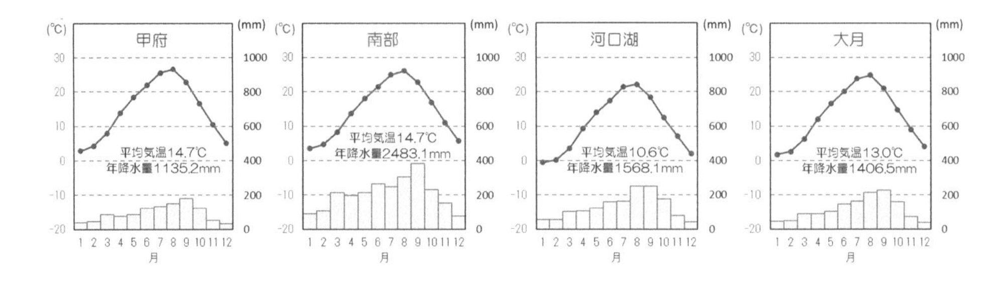

日最高気温（8月の平均）と日最低気温（1月の平均）

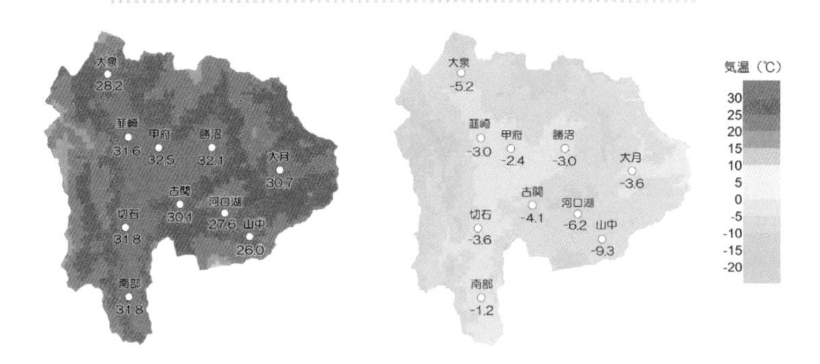

季節ごとの降水量の平年値

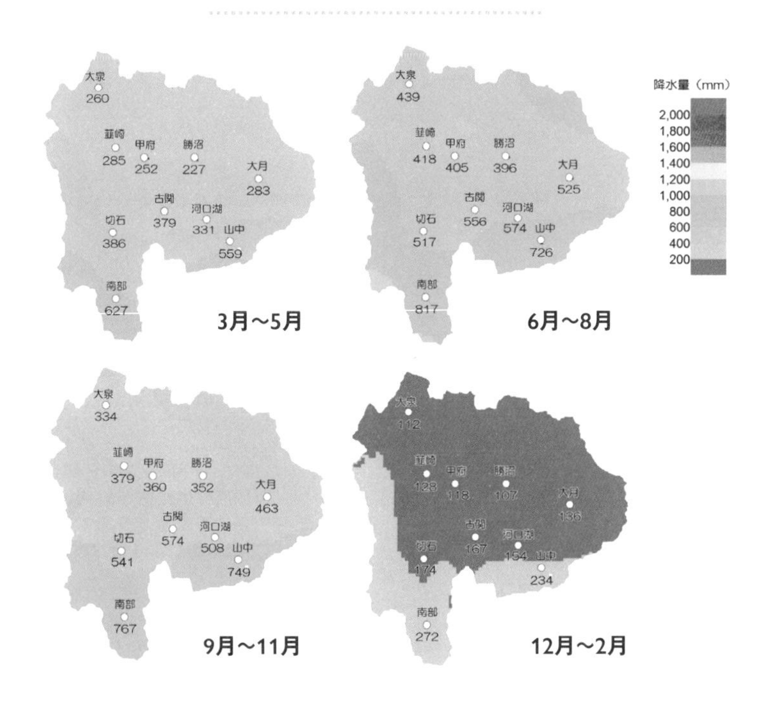

8月の最高気温は甲府周辺でもっとも高く（32.5℃）、1月の最低気温は富士山周辺でもっとも低くなります（山中観測所で-9.3℃）。降水量は夏（6～8月）に、とくに県の南部で多くなります。

山梨県の

気象災害の歴史

ふだんは降水量があまり多くない地域ですが、台風の接近・通過に伴って大雨が降ることがあり、1966（昭和41）年の台風第26号では大雨で大災害になりました。また2014（平成26）年2月15日には甲府市で114cmの積雪が記録され、大きな被害が生じました。

年月日	災害種別	死者・行方不明者数	被災地	概要
1907年8月22日～28日	暴風雨	232	全域	台風による大雨。河川の氾濫、山腹の崩壊により、有史以来の大災害となった。
1912年9月22日～23日	暴風雨	54	全域	台風により風雨が激しく、とくに中巨摩郡で被害が大きかった。
1922年8月23日～26日	暴風雨	55	全域	台風により県内各地に被害続出。とくに東山梨郡で被害が多かった。
1935年9月21日～26日	大雨	39	全域	台風と前線による大雨。全県にわたって著しい被害が発生した。
1945年10月3日～11日	大雨	36	全域	台風と前線による大雨。戦争による山林の荒廃により各地で斜面崩壊が起こるとともに、河川が氾濫した。
1954年11月27日～28日	雪崩	15	富士山	富士山で大雪崩が起こり、登山中の学生40人が巻き込まれた。
1959年8月12日～14日	暴風雨	90	全域	台風が甲府盆地の西部を北上、甲府では風速が30m/sを超え、各地で家屋が倒壊するとともに、大雨による浸水被害が発生した。
PICK UP 1966年9月21日～25日	暴風雨	175	全域	台風第26号が県を縦断、各地で土砂災害が発生した。とくに足和田村では甚大な被害が出た。
2014年2月14日～19日	大雪	9	全域	記録的な大雪となり、甲府市では積雪深が114cmに達した。県内は大渋滞となり、一酸化炭素中毒や凍死者などが出た。

民宿村として再出発した被災地
1966年の台風第26号災害と根場地区

富士山のふもとにある富士五湖は風景の美しい場所で、観光地としても人気のあるスポットです。富士五湖のひとつ、西湖のほとりにある足和田村根場（ねんば）地区（現在の富士河口湖町西湖根場）は、樹海の向こうに富士山が見える場所で、住民は養蚕、林業、酪農などを営んでいました。

1966（昭和41）年9月25日未明、西湖周辺にかつて経験したことのない大雨が降り、くずれた土砂が土石流となって集落を襲いました。夜中に起こった突然の土石流によって、根場地区の住民は避難することもできず、壊滅的な被害を受けました。集落にあった建物41軒のうち32軒が全壊し、住民218人のうち63人が犠牲になりました[83]。被災地には土砂が厚く堆積し、救助活動も困難を極めたといいます。

災害から1年後には慰霊祭が行なわれ、それを契機として根場地区の住民は復興に向けて本格的に活動を始めました。住民同士が話し合いをした結果、根場地区の南側にある青木ヶ原の溶岩台地に集団移転することが決まりました。新しい土地で、住民たちは民宿村をつくり、現在は「根場民宿自然村」として発展しています。

一方、かつて住民が住んでいた土地は現在、「西湖いやしの里根場」として、地元の伝統工芸品などを伝える観光施設になっています。

かつて根場地区の住民が住んでいた「西湖いやしの里根場」（i-flower/PIXTA）

長野県

DATA	
県の木／県の花	▸しらかば／リンドウ
県庁所在地	▸長野市
面積	▸13562 km² (4位)
人口	▸208万人(16位)[11]
主な日本一	▸レタスの出荷量[12] ▸セロリの出荷量[12] ▸高齢者(65歳以上)の就業者割合[11]

夏は避暑地として、冬はウィンタースポーツなどのリゾート地として有名な県です。南北に約210kmの長さがあり、北部は冬に降水量が多く、南部は夏に降水量の多いなど、県の南北で気候に違いがあります。過去には、大雨による山崩れや浸水などで、大きな被害を出した記録があります。

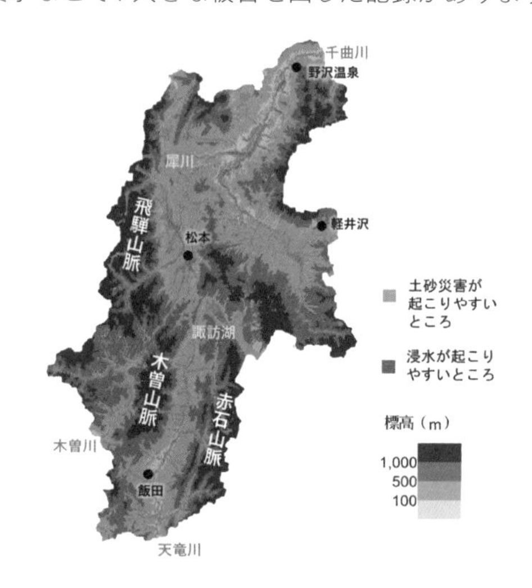

主な地点の気温と降水量

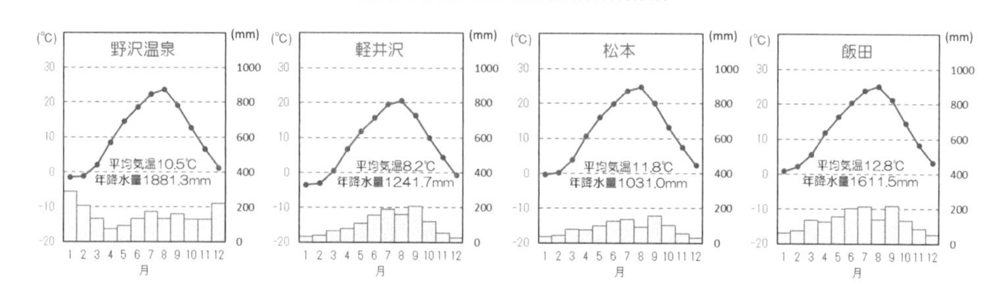

日最高気温（8月の平均）と日最低気温（1月の平均）

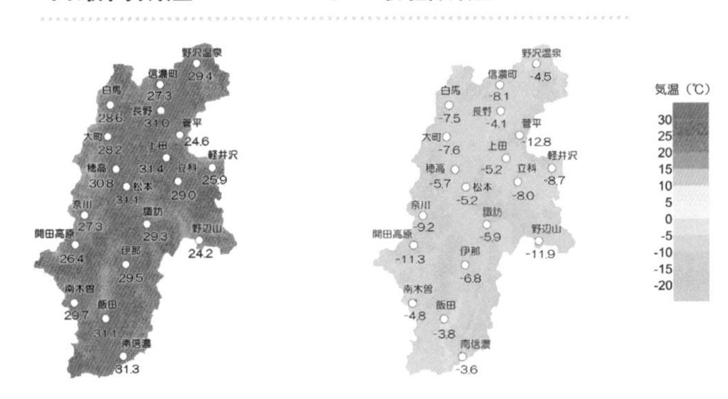

季節ごとの降水量の平年値

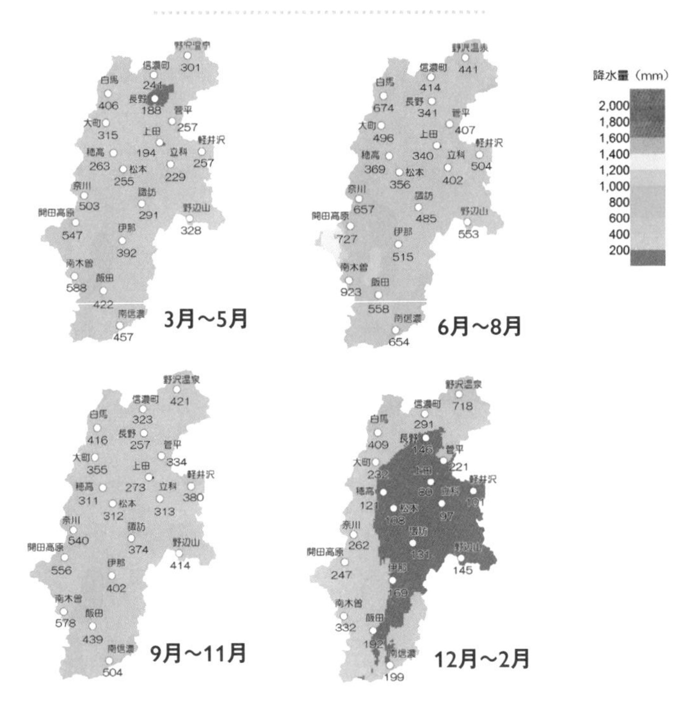

8月の最高気温は南信濃周辺でもっとも高く（31.3℃）、1月の最低気温は野辺山周辺でもっとも低くなります（-11.9℃）。降水量は夏（6～8月）に多い傾向がありますが、野沢温泉周辺では冬（12～2月）に降水量のピークがあります。

長野県の

気象災害の歴史

長野県は山がちな県で、大雨による川の氾濫のほか、大規模な地すべりや土石流が発生しています。とくに1961（昭和36）年の水害は、死者・行方不明者136人に達する大災害になりました。

年月日	災害種別	死者・行方不明者数	被災地	概要
1945年 10月3日～11日	暴風雨	42	全域	阿久根台風。10日に鹿児島県阿久根市に上陸し日本海に抜けた。長野県内で全壊家屋102軒。
1959年 8月14日	暴風雨	71	全域	台風が長野県を縦断、県下空前といわれる風水害となった。全壊家屋1391軒。
1961年 2月16日	雪崩	11	栄村	栄村青倉地区で雪崩が発生し、4世帯21人が生き埋めとなった。
PICK UP 1961年 6月23日 ～ 7月1日	大雨	136	全域	梅雨前線に伴う大雨。天竜川が氾濫、また各地で土砂災害が発生するなど未曽有の被害となった。とくに大鹿村で被害が大きかった。
1981年 8月22日～23日	暴風雨	11	全域	台風第15号による大雨。須坂市仁礼地区では宇原川の土石流により、10人が犠牲になった。
1985年 7月26日	地すべり	26	長野市	長野市の地附山で斜面が幅500m、深さ60mにわたって地すべりを起こし、特別養護老人ホームや住宅を押しつぶした。
1996年 12月6日	土石流	14	小谷村	北安曇郡小谷村の蒲原沢で土石流が発生し、工事作業員14人が犠牲となった。融雪と降雨が原因。
2006年 7月15日～19日	大雨	13	全域	梅雨前線に伴う大雨により、諏訪湖の水位が上がり、流入する河川からの溢水による浸水が発生した。また岡谷市では土砂災害により8人が犠牲となった。

桜の名所となった被災地

1961年の大西山の大崩壊

1961（昭和36）年6月下旬、梅雨前線の影響により長野県内各地で大雨が降りました。その大雨が一段落した6月29日朝のことです。赤石山脈のふもとにある大鹿村で、標高1741mの大西山が、幅500mにわたって崩れ落ちました。土のかたまりが約450mもの高さから落下し、風圧によって家屋が倒壊するほどの勢いだったといいます[87]。さらに、崩れた土砂が川に入り、土石流となって下流の集落を襲いました。人々は土石流から逃れるため、必死に走ったといいます。この災害で42人の方が犠牲になりました。

災害後、大西山のふもとには320万m^3もの土砂が残りました。被災地に残された土砂の山は、住民にとっては多くの命を奪った憎い山でした。ところがいつのころからか、残された住民たちはこの丘の上に花や木を植え始めました[88]。最初はマツ、マーガレット、ヒマワリなどでしたが、やがて桜の木が植えられ始めました。

こうして災害から約60年を経過した現在、大西山のふもとは3000本の桜が咲き乱れる桜の名所になっています。一本一本の桜の木には、住民たちが犠牲者を弔う気持ちと、災害を乗り越えて復興したいという気持ちが込められています。

たくさんの桜が植えられた大西山崩落地の現在（ninnin77/PIXTA）

岐阜県

DATA

県の木／県の花	‣イチイ／レンゲ
県庁所在地	‣岐阜市
面積	‣10621 km^2（7位）
人口	‣201万人（17位）[11]
主な日本一	‣鍛工品の出荷額[13] ‣人口あたりの短期大学の数[11]

岐阜県は長良川、揖斐(いび)川、木曽川をはじめとする大きな河川の上流に位置していて、清流の美しい県です。ただし台風などによって大雨が降ると、これらの河川がいっせいに氾濫したり、土砂災害が起こったりすることがあります。

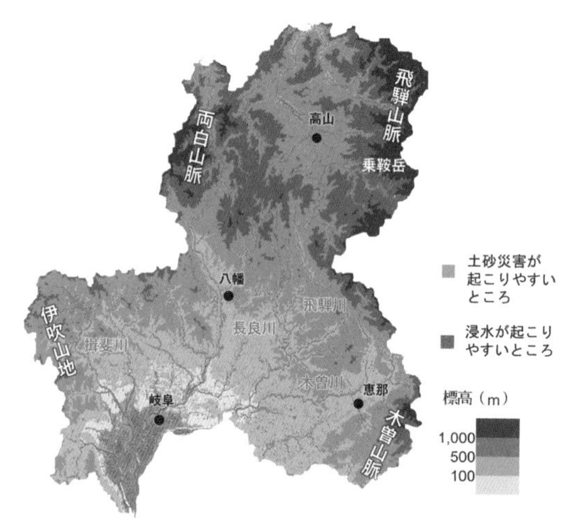

主な地点の気温と降水量

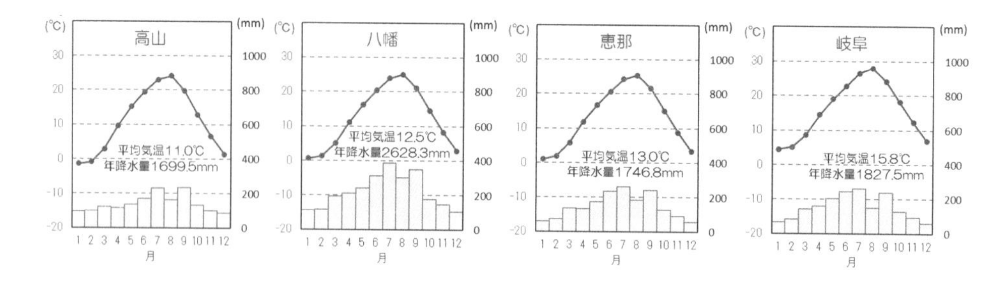

日最高気温（8月の平均）と日最低気温（1月の平均）

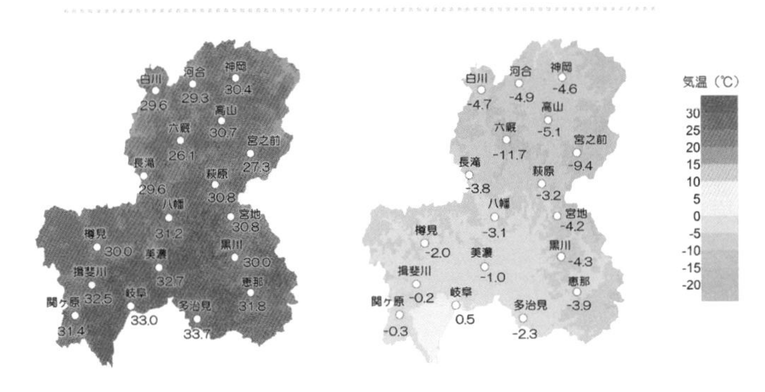

季節ごとの降水量の平年値

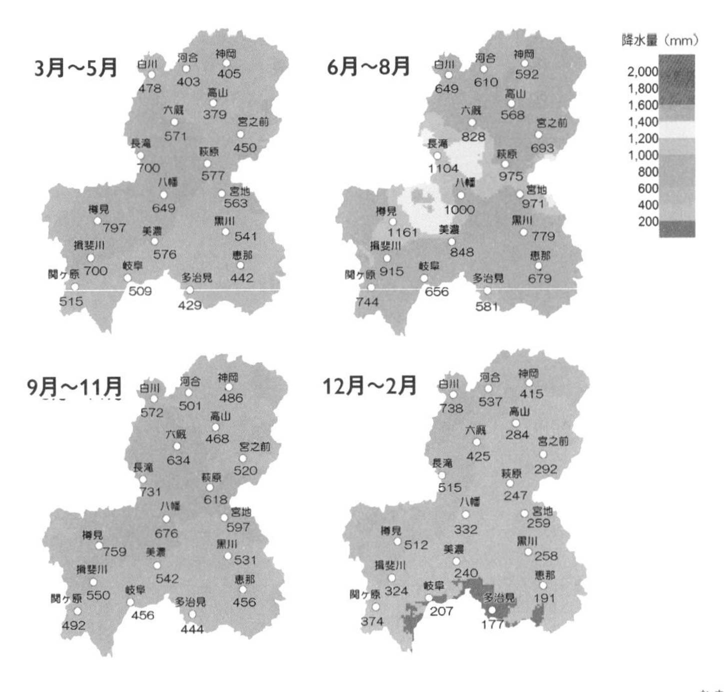

8月の最高気温は多治見周辺でもっとも高く（33.7℃）、1月の最低気温は六厩（むまや）周辺でもっとも低くなります（-11.7℃）。降水量は全体として夏（6～8月）に多く冬（12～2月）に少なくなりますが、北部の白川ではむしろ冬のほうが多く降ります。

岐阜県の

気象災害の歴史

岐阜県には木曽川、長良川、揖斐川の3つの大きな河川があり、台風に伴う大雨でしばしば洪水が起こっています。また土砂災害、雪害なども起こりやすい県です。

年月日	災害種別	死者・行方不明者数	被災地	概要
1903年 3月1日～6日	大雪	21	飛騨地方	飛騨大風雪。負傷者42人、家屋埋没7軒。
1910年 9月3日	大雨	62	県南部	低気圧により武儀郡、益田郡地方で雷雨。各河川が氾濫。
1912年 9月22日～23日	暴風雨	128	全域	台風の通過による大雨。揖斐川が氾濫して大きな被害となった。
1915年 8月9日～10日	暴風雨	48	飛騨地方	台風の通過による大雨。飛騨地方で出水。
1959年 9月25日～27日	暴風雨	104	全域	伊勢湾台風。堤防決壊561か所、山崩れ605か所、罹災者9万1892人。
PICK UP 1968年 8月17日	大雨	118	白川町	加茂郡白川町の国道41号で観光バス2台が土石流にのまれて飛騨川へ転落した。
1972年 7月9日～13日	大雨	27	全域	昭和47年7月豪雨。13日早朝には明智町、瑞浪市などで山崩れなどにより甚大な被害が出た。
1976年 9月12日	大雨	9	全域	台風に伴う大雨。長良川右岸堤防道路が決壊し、安八町と墨俣町では3536軒が床上浸水などの被害を受けた。
1999年 9月14日～15日	大雨	7	全域	台風と秋雨前線による大雨。白鳥町内で長良川が氾濫したほか、東海北陸自動車道の法面が崩落した。
2004年 10月19日～21日	暴風雨	8	全域	台風第23号に伴う暴風雨。高山市、国府町から知事に自衛隊災害派遣要請があった。

“道路交通情報のきっかけ”

1968年の飛騨川バス転落事故

1968（昭和43）年8月17日、雑誌社とツアー会社の共催で企画された「乗鞍雲上ファミリーパーティ」に参加するため、730人が愛知県犬山市に集まりました。一行は15台のバスに分乗して、午後9時過ぎに国道41号から乗鞍岳を目指して出発しました[92]。

ところが途中で激しい雨が降ってきたため、バスは引き返すことに。その途中、岐阜県白川町で先に進めなくなりました。午前2時11分ごろのことです。近くの斜面が崩れ、土砂が土石流となって停車中のバスを押し流しました。バス2台が30m下の飛騨川に転落して大破し、乗員・乗客104人が犠牲になりました。

現在では、大雨による通行規制はごく当たり前に行なわれていますが、当時はまだそのようなルールがない時代でした。飛騨川バス転落事故がきっかけとなって、「事前交通規制制度」が導入され、大雨などのときには道路を通行止めにするようになりました。また1970年1月には、「日本道路交通情報センター」が発足し、ラジオを通じてきめ細かい道路情報をドライバーに届けるようになったのです。

飛騨川に転落して大破したバス（毎日新聞社/アフロ）

静岡県

DATA

県の木／県の花	▸モクセイ／ツツジ
県庁所在地	▸静岡市
面積	▸7777 km²（13位）
人口	▸368万人（10位）[11]
主な日本一	▸荒茶の出荷量[49] ▸普通温州みかんの出荷量[18] ▸カツオ類の漁獲量[75]

静岡県の北部には3000m級の赤石山脈や富士山があり、県内の標高差が大きいことが特徴です。また、富士川、安倍川、大井川、天竜川など大きな河川が、山から太平洋に向かって流れ込んでいます。梅雨前線や台風の影響を受けるため、降水量は6月および9月に多く、1958（昭和33）年の狩野川台風など、太平洋から上陸する台風がしばしば大きな災害を引き起こしています。

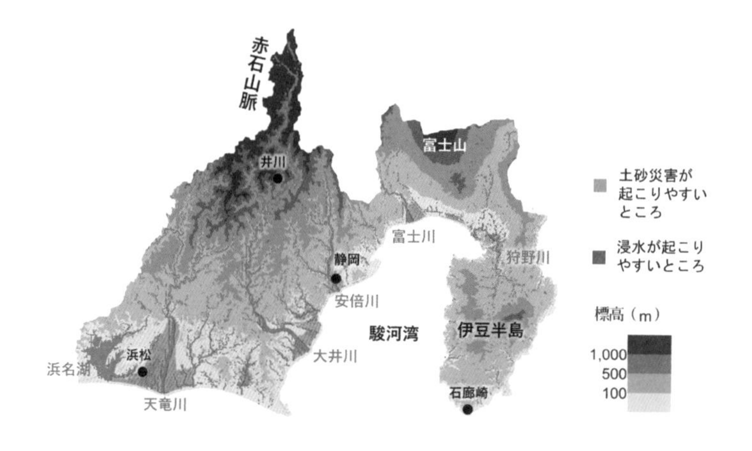

主な地点の気温と降水量

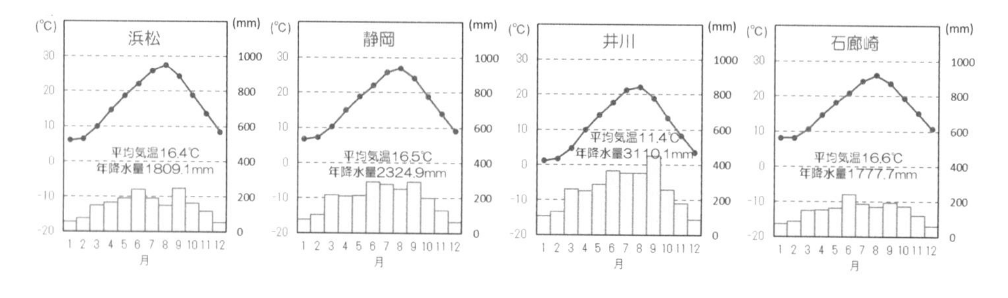

日最高気温(8月の平均)と日最低気温(1月の平均)

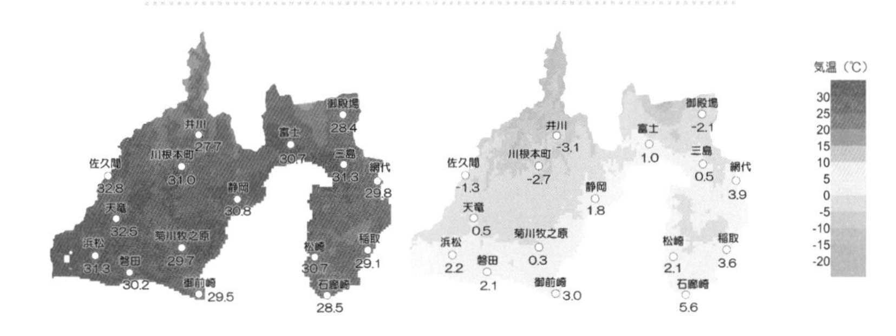

季節ごとの降水量の平年値

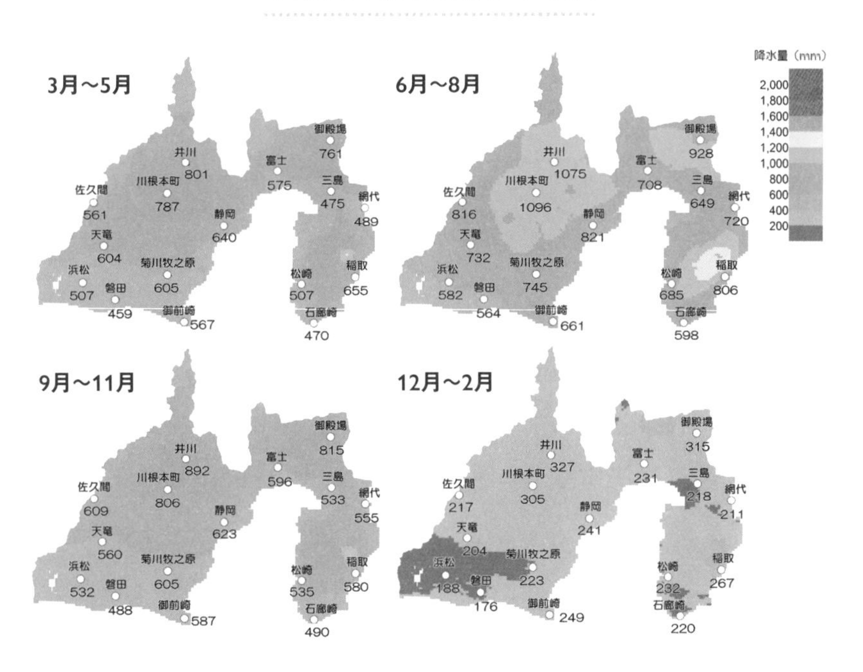

8月の最高気温は佐久間周辺でもっとも高く(32.8℃)、1月の最低気温は赤石山脈でもっとも低くなります(井川観測所で-3.1℃)。降水量は夏(6～8月)に多く、とくに伊豆半島周辺で多くの降水が観測されます。

気象災害の歴史

静岡県の気象災害の多くは、台風の接近・上陸によって発生しています。とくに1958（昭和33）年の狩野川台風では1000人以上の犠牲者を出しました。

年月日	災害種別	死者・ 行方不明者数	被災地	概要
1910年 8月7日～10日	暴風雨	56	全域	台風に伴う大雨。安倍川、朝比奈川などが氾濫した。
1911年 7月25日～26日	暴風雨	181	全域	台風が浜松市付近に上陸。河川の氾濫による被害のほか、漁船の遭難で多くの犠牲者が出た。
1914年 8月29日～30日	暴風雨	139	全域	台風が浜松市付近に上陸。大小の河川が氾濫し、静岡市では安倍川が氾濫した。
1932年 11月14日～15日	暴風雨	50	全域	台風が伊豆沖を通過。とくに三島町・函南村・原町・浮島村で家屋が多数倒壊した。
PICK UP 1958年 9月26日	暴風雨	1040	全域	狩野川台風。台風が伊豆南端をかすめて関東に上陸。狩野川上流ではがけ崩れが発生し、各所に形成された天然ダムが逐次破壊され土石流となった。
1966年 9月25日	暴風雨	56	全域	台風の上陸により、御前崎では最大瞬間風速50.5m/sを記録した。梅ヶ島温泉では土石流が発生した。
1974年 7月7日～8日	大雨	44	全域	台風と梅雨前線による大雨。静岡市では24時間降水量505mmを記録し、大水害となった。
1976年 7月11日	大雨	16	伊豆半島	梅雨前線により伊豆半島を中心に集中豪雨が発生。主に土砂災害による被害が出た。
1982年 9月12日～13日	大雨	15	全域	台風と前線による大雨。がけ崩れ2939か所。

“たいふうのばか”

1958年の狩野川台風

1958（昭和33）年9月26日、発達した台風が伊豆半島に接近。その影響で、伊豆半島の湯ヶ島では日降水量が728 mmに達し、狩野川では各地で土石流が発生しました。とくに鉄砲水の直撃を受けた修善寺町熊坂地区では、住民の3割にあたる289人が犠牲になりました。

災害の後、「狩野川台風手記」という文集が刊行され[96]、熊坂小学校の2年生が書いた作文が紹介されています。

まんなかの高いところから　先生のしゃしんがわらっている　わたしはそっと『すがお先生』とよんでみた　いつも『ひろえちゃんなあに』っていってくれるのに　そう思ったら　おわかれのことばがよめなかった　だれかが『たいふうのばか』といったとき　わたしは　うんとなみだがでた

その後、狩野川に放水路が完成し、同じような災害は起こりにくくなりました。だからといって豪雨災害が完全になくなったわけではありません。このような大災害が起こったことを後世に伝え、高い防災意識をもっていくことが大切です。

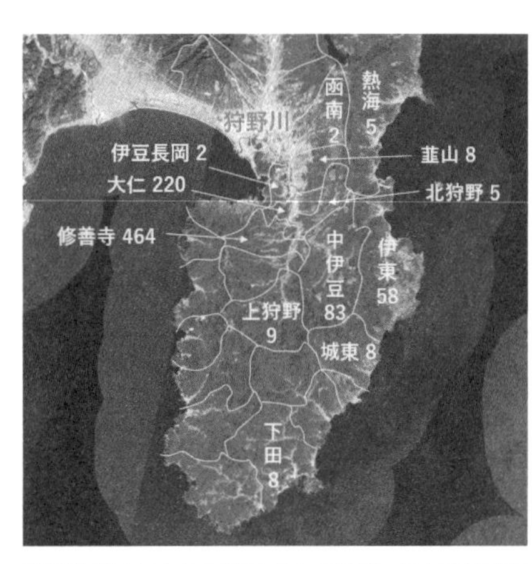

狩野川台風による市町村ごとの死者・行方不明者数（数値は「静岡県気象災害誌」[94]による。国土地理院「全国最新写真（シームレス）」に加筆）

愛知県

DATA

県の木／県の花	▸ハナノキ／カキツバタ
県庁所在地	▸名古屋市
面積	▸5173 km^2（27位）
人口	▸753万人（4位）[11]
主な日本一	▸自動車の出荷額[13] ▸県内大学への入学者割合[11]

愛知県の北東部には1000m級の山地が広がり、西部から南部には濃尾平野、岡崎平野、豊橋平野が広がっています。木曽川や庄内川の下流に位置する濃尾平野は、伊勢湾の奥に位置しているため、海水が吹き寄せられて潮位が上がりやすく、過去にはしばしば高潮災害が起こっています。県は全体として、梅雨前線や秋雨前線の影響を受けるため、6月と9月に降水量のピークがあります。

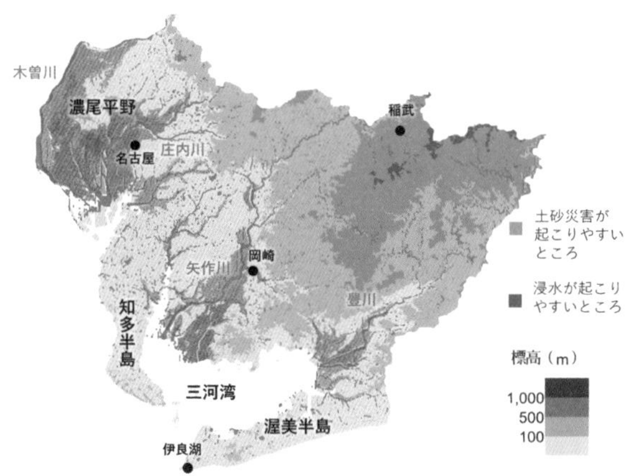

主な地点の気温と降水量

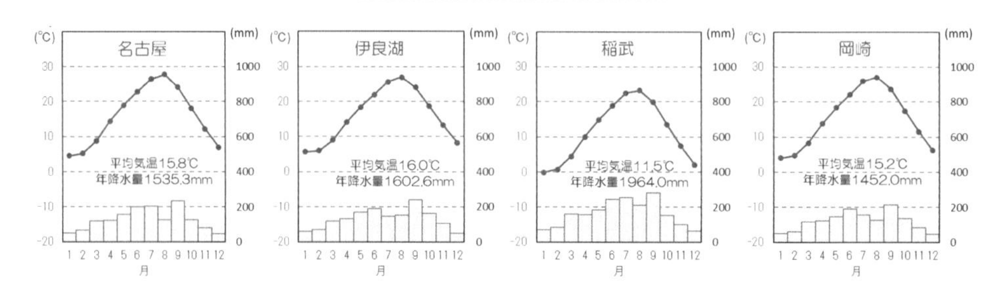

日最高気温（8月の平均）と日最低気温（1月の平均）

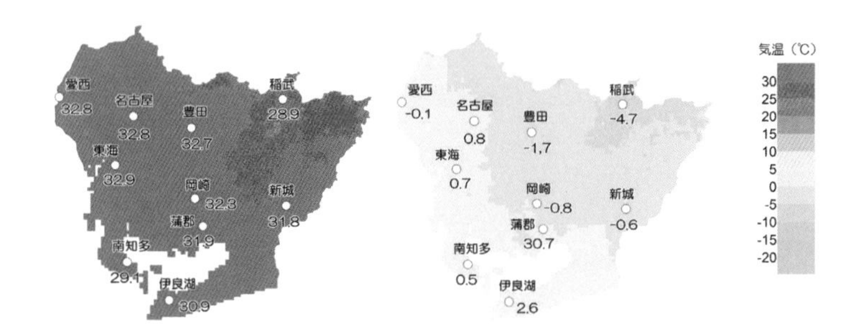

季節ごとの降水量の平年値

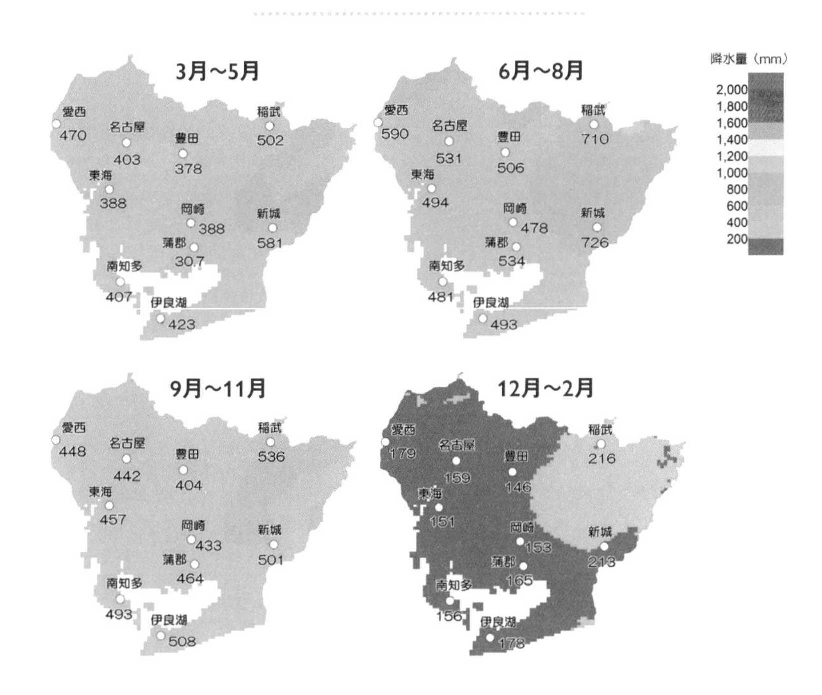

8月の最高気温は東海周辺でもっとも高く（32.9℃）、1月の最低気温は稲武（いなぶ）周辺でもっとも低くなります（-4.7℃）。降水量は夏（6～8月）に多く、冬（12～2月）には少なくなります。

気象災害の歴史

愛知県の気象災害の多くは、台風の接近・上陸によって発生し、過去に何度も高潮による大災害が起こっています。また梅雨前線や秋雨前線にも要注意です。

年月日	災害種別	死者・ 行方不明者数	被災地	概要
1889年 9月11日	暴風雨 高潮	878	全域	台風により、三河湾で高潮が発生し、沿岸部で大きな被害が出た。
1911年 6月19日	暴風雨 高潮	65	全域	台風に伴う暴風と高潮。全壊家屋1874軒、橋梁流出多数。
1912年 9月22日～23日	暴風雨	155	全域	台風に伴う暴風雨。風は未曽有の強さで、倒壊家屋が6000軒にも達した。
1953年 9月25日	暴風雨 高潮	75	全域	台風に伴う暴風雨。高潮を伴い、全壊家屋1193軒に達した。
1957年 8月7日～8日	大雨	33	名古屋 瀬戸	名古屋と多治見を結ぶ狭い地域に集中豪雨があり、瀬戸市泉町では土石流が発生した。
PICK UP 1959年 9月26日	暴風雨	3260	全域	伊勢湾台風。上陸時の気圧929 hPa、最大瞬間風速55.3m/sを記録した。伊勢湾では高潮が発生し、大規模な浸水により、全壊家屋2万1381軒に達した。
1972年 7月9日～13日	大雨	67	全域	梅雨前線に伴う大雨。とくに西三河山間部において13日に日降水量309mmを記録し、各地で土砂災害や河川の氾濫が発生した。
1983年 9月27日～29日	大雨	5	尾張	台風と秋雨前線に伴う大雨。名古屋市では道路に水があふれ、小学生などが犠牲となった。
2000年 9月11日～12日	大雨	7	県西部	台風と秋雨前線による大雨。新川の堤防が決壊したのをはじめ、20か所が破堤し、名古屋市内では広域の浸水被害が発生した。

高潮を想定しなかった自治体

1959年の伊勢湾台風

1959（昭和34）年9月26日18時過ぎ、猛烈に発達した台風が潮岬に上陸しました。上陸時に観測された気圧929.5hPaは、1934（昭和9）年の室戸台風、1945（昭和20）年の枕崎台風に次ぐ3番目の記録でした。伊勢湾沿岸では21時30分に日本の観測史上最大の潮位に達しました（3.89m）。このため防潮堤を超えた海水が津波のように押し寄せ、沿岸部では浸水深が3mを超えたところも。その結果、死者・行方不明者は愛知県内で3260人にも上りました。

当時の名古屋地方気象台は、台風が上陸する7時間前の11時15分に高潮警報を発表し、早い段階から警戒をうながしていました。にもかかわらず、住民に避難指示を出さなかった自治体が多くありました。その理由は、1953（昭和28）年の高潮で被害がなかったため、「今回も大丈夫だろう」との意識が働いたからです[99]。

今後、地球温暖化が進行することにより、伊勢湾台風を大きく上回るスーパー台風が上陸することも考えられます。伊勢湾台風を昔の出来事と考えず、これからも起こり得る災害としてとらえなおすことが大切です。

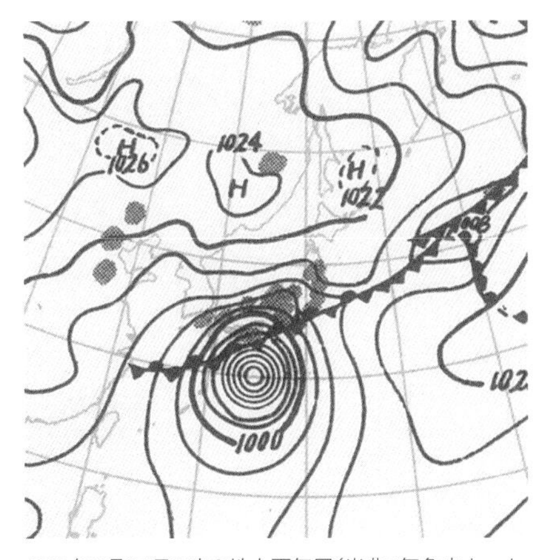

1959年9月26日9時の地上天気図（出典：気象庁ホームページ[100]）

三重県

DATA	
県の木／県の花	‣神宮スギ／ハナショウブ
県庁所在地	‣津市
面積	‣5774 km²（25位）
人口	‣180万人（22位）[11]
主な日本一	‣伊勢エビの漁獲量[75] ‣液晶パネルの出荷額[13]

三重県は南北に長い県で、約170kmの長さがあります。気候は地域によって異なり、伊勢平野は比較的おだやか、上野盆地は冬の冷え込みがきびしく、熊野灘に面した地域は日本でも有数の多雨地帯です。梅雨前線によってしばしば大雨が降るほか、1959（昭和34）年の伊勢湾台風では高潮による被害を受けました。

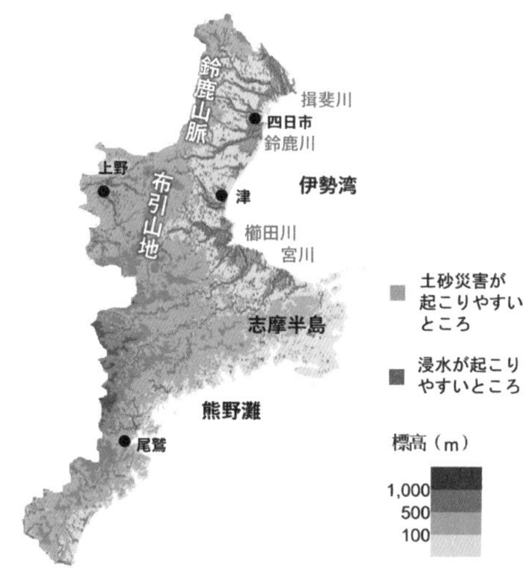

主な地点の気温と降水量

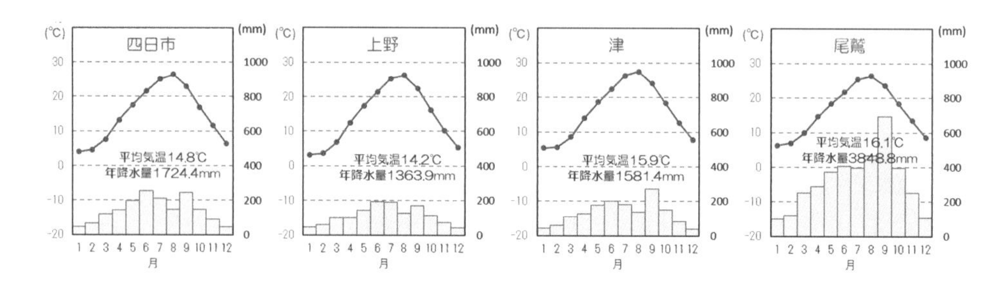

日最高気温(8月の平均)と日最低気温(1月の平均)

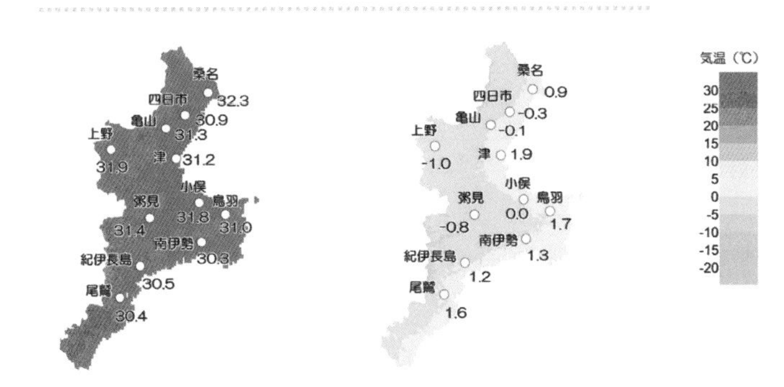

季節ごとの降水量の平年値

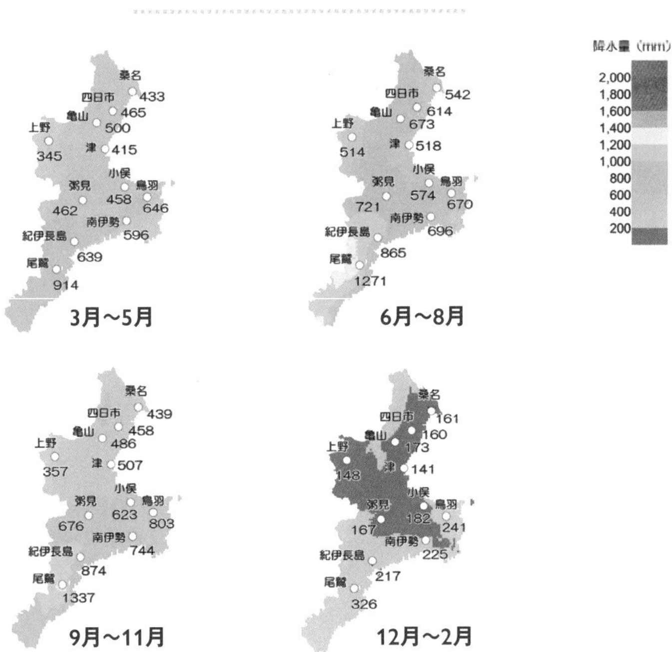

8月の最高気温は上野周辺でもっとも高く(31.9℃)、1月の最低気温もまた上野周辺でもっとも低くなります(-1.0℃)。降水量は県北部では夏(6～8月)に、県南部では秋(9～11月)にもっとも多くなります。

三重県の 気象災害の歴史

三重県の気象災害は、台風や前線に伴う大雨によるものがほとんどです。ただし一度に100人以上の人が亡くなる大災害は、1959（昭和34）年の伊勢湾台風を除くと記録されていません。

年月日	災害種別	死者・行方不明者数	被災地	概要
1899年 7月8日	暴風雨	28	北牟婁郡 南牟婁郡	台風に伴う大雨が降り、相賀町木津で人家が流出した。
1921年 9月25日～26日	暴風雨	35	全域	台風が紀伊半島に上陸。風による被害が甚大で、汽船沈没、学校倒壊などがあった。
1931年 10月13日	暴風雨	22	北牟婁郡 南牟婁郡 中・南勢	台風が土佐湾から四国に上陸。県南部で大雨となり、相賀町で銚子川が氾濫した。
1938年 8月1日～3日	大雨	18	全域 （伊賀を除く）	低気圧が本州南岸を長い日時をかけて東進し、50年来の水魔と称せられ、未曽有の災害となった。
1953年 8月15日	大雨	32	北勢 伊賀	前線に伴う大雨。伊賀地方では山崩れにより多数の人命が失われた。
1953年 9月25日	暴風雨 高潮	44	全域	台風が志摩半島を横切り、高潮によって沿岸地域が壊滅した。
PICK UP ☞ 1959年 9月25日～27日	暴風雨 高潮	1281	全域	伊勢湾台風。台風経路の右側にあたる伊勢湾沿岸では、高潮と暴風による被害が大きかった。
1971年 9月9日～10日	大雨	42	南部	台風の通過後、前線が活発となり、尾鷲では1095mmの総雨量を記録、がけ崩れで人的被害の大きな災害となった。
1982年 8月1日～3日	暴風雨	24	全域	台風が志摩半島の先端をかすめた。嬉野町小原で民家4軒が土砂で押しつぶされた。
2004年 9月29日～30日	大雨	9	全域	台風と前線による大雨。宮川村で大規模な土砂災害が発生。海山町では船津川が氾濫した。

死亡者がゼロだった楠町

1959年の伊勢湾台風

1959（昭和34）年の台風第15号（伊勢湾台風）は、9月23日15時に中心気圧894hPaまで発達し、強い勢力のまま紀伊半島に上陸しました。その影響で高潮が発生し、三重県内の死者・行方不明者は1281人を数えました。

そのようななか、一人の死者も出なかった町があります。伊勢湾に面した楠町(くすちょう)です[103]。

台風接近の情報を受け、楠町では9月26日9時に町会議が行なわれました。このとき早めの避難を強く主張したのが、町の助役でした。助役は以前、朝鮮総督府で治水を担当していた経験があり、接近する台風が894hPaまで発達したという情報から、台風がかつてない勢力であることを理解していたのです。こうして15時に避難指示が発令されました。ほかの市町村の多くは20時過ぎに避難指示を発令していますから、楠町の発令がいかに早かったかわかると思います。

水防団が各家庭をまわり、避難を呼びかけました。住民たちは2〜3日分の食料や毛布、ろうそくなどを持って学校や公民館に避難しました。

その結果、楠町では全壊家屋20軒、床上浸水462軒の被害が出ましたが、一人の犠牲者も出ませんでした。

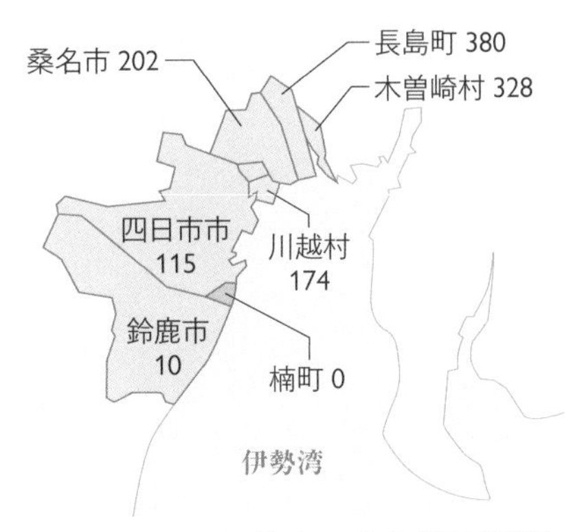

伊勢湾台風による市町村別の死者・行方不明者数[104]。楠町の死者はゼロであった。

滋賀県

DATA

県の木／県の花	▸モミジ／シャクナゲ
県庁所在地	▸大津市
面積	▸4017 km²（38位）
人口	▸141万人（26位）[11]
主な日本一	▸自然公園の面積割合[11] ▸ボランティア活動の年間行動者率[11]

滋賀県の中央には日本最大の湖・琵琶湖があります。琵琶湖の水はなぜ枯れないのか、不思議に思ったことはありませんか。その理由は、たくさんの河川が琵琶湖に流れ込んでいて、滋賀県内の降水が琵琶湖に集まってくるからです。逆に、大雨が降ると琵琶湖の水があふれてしまうのでは、と心配する人もいるかもしれません。実際に1896（明治29）年には、大雨で琵琶湖の水があふれ、大水害になった記録が残っています。

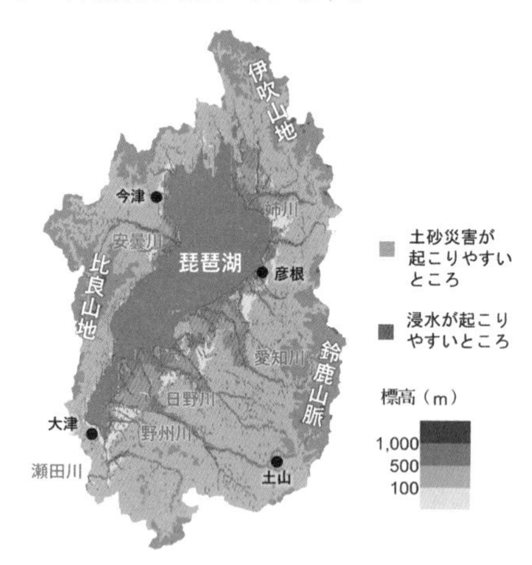

主な地点の気温と降水量

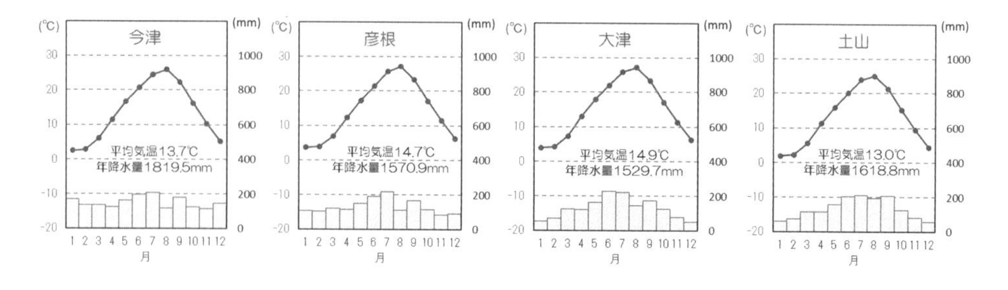

日最高気温（8月の平均）と日最低気温（1月の平均）

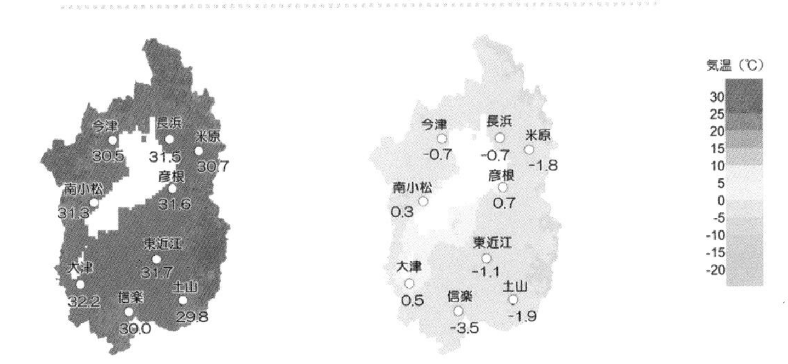

季節ごとの降水量の平年値

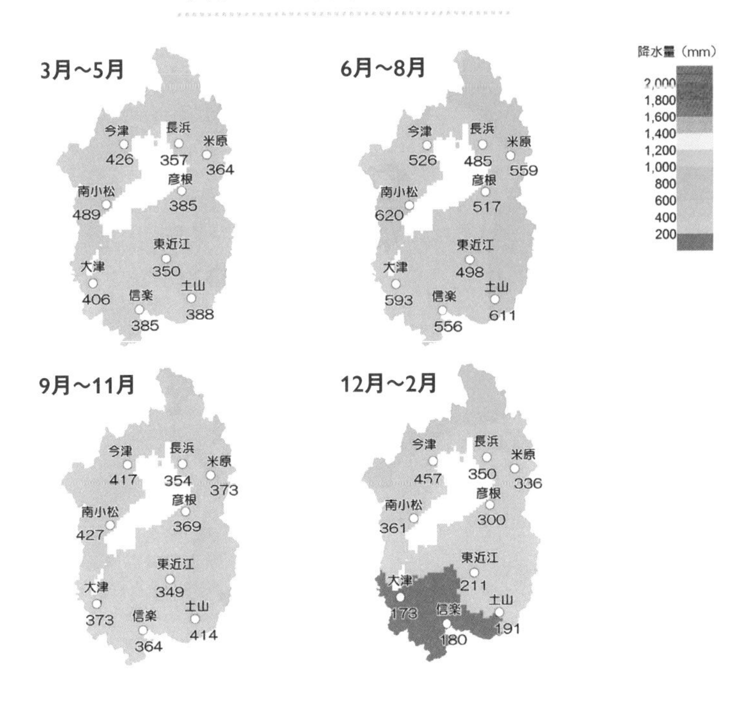

8月の最高気温は大津周辺でもっとも高く（32.2℃）、1月の最低気温は信楽周辺でもっとも低くなります（-3.5℃）。降水量は全般に夏（6～8月）に多く冬（12～2月）に少ない傾向がありますが、県北部には冬のほうが降水量の多い地域があります。

滋賀県の

気象災害の歴史

滋賀県では、大きな気象災害が起こった回数は多くありませんが、室戸台風や伊勢湾台風のような猛烈な台風が接近したり、前線が停滞したりしたときに大きな被害が出ています。また下の表にはありませんが、2013（平成25）年9月16日に、全国初の大雨特別警報が発表されたのは滋賀県でした。

年月日	災害種別	死者・行方不明者数	被災地	概要
PICK UP 1896年9月7日～10日	大雨	34	琵琶湖周辺	前線の停滞によって彦根で日雨量約597mmが記録されるなど各地で大雨が降り、琵琶湖の水位が約4m上昇し、床上浸水3万5627軒に達する大洪水となった。
1934年9月21日	暴風雨	47	全域	室戸台風。室戸岬で最低気圧911.6hPaを記録した台風が滋賀県を通過。小学校が倒壊するなど各地で甚大な被害が発生した。
1953年8月14日～15日	大雨	45	県南部	多羅尾豪雨。前線の影響により県南部が豪雨に見舞われ、多羅尾村では土石流が発生、大きな被害が出た。
1953年9月25日	暴風雨	47	全域	台風が志摩半島を通過。滋賀県の山間部では400mmを超える大雨が降り、安曇川、野洲川、日野川、愛知川などが氾濫した。
1959年9月26日～27日	暴風雨	16	全域	伊勢湾台風。強く発達した台風が滋賀県南部を通過。木之本町の山崩れなど、各地で被害が出た。
1961年9月16日	暴風雨	3	全域	第二室戸台風。室戸岬で925hPaを記録した台風が琵琶湖の西を通過。能登川で最大瞬間風速54.8m/sを記録した。
1965年9月17日～18日	暴風雨	3	全域	台風が志摩半島に上陸。河川の氾濫などにより、近江八幡市ほかに災害救助法が適用された。

400年に一度の大雨

明治29年の大水害

1896（明治29）年9月7日から10日にかけて、前線の停滞によって滋賀県に大雨が降りました。降り始めからの雨量は1000mmを超え、大量の水が琵琶湖へと流れ込み、水位が平常時より3.8mも上昇する事態になりました。その結果、琵琶湖周辺は大水害となり、浸水は237日間も続いたといわれています[106]。

彦根地方気象台は1893（明治26）年に創設され、以後120年以上気象観測を続けていますが、1896（明治29）年9月7日に記録された日降水量596.7mmは、現在まで124年間も更新されていない最大記録です。それどころか、第2位の記録（2007（平成19）年10月22日に記録された200mm）を3倍近くも上回る異常な数値です。統計学の手法を用いて計算すると、彦根でこの値が記録される確率は410年に一度となります[107]。つまり、約400年に一回の、非常にまれな大雨が滋賀県を襲った計算になります。

この洪水を体験した人たちはもう生きていませんが、地元には水害についてのたくさんの言い伝えが残っているそうです。

1896（明治29）年9月の大津市における浸水の様子（撮影：彦根地方気象台、写真提供：滋賀県立琵琶湖博物館）[184]

京都府

DATA

府の木／府の花	▸北山杉／しだれ桜
府庁所在地	▸京都市
面積	▸4612 km² (31位)
人口	▸260万人 (13位)[11]
主な日本一	▸人口あたりの大学数[11] ▸分析機器の出荷額[13]

京都というと、伝統的な文化財や寺院などを思い浮かべる人が多いと思います。その落ち着いた雰囲気から、自然災害とは無縁ではないかと思う人もいるかもしれません。しかし歴史をさかのぼると、1934（昭和9）年の室戸台風をはじめ、何度も大きな気象災害に襲われ、一度に100人以上の犠牲者を出す災害も起こっています。また京都府は川の氾濫に苦しめられてきた地域でもあります。

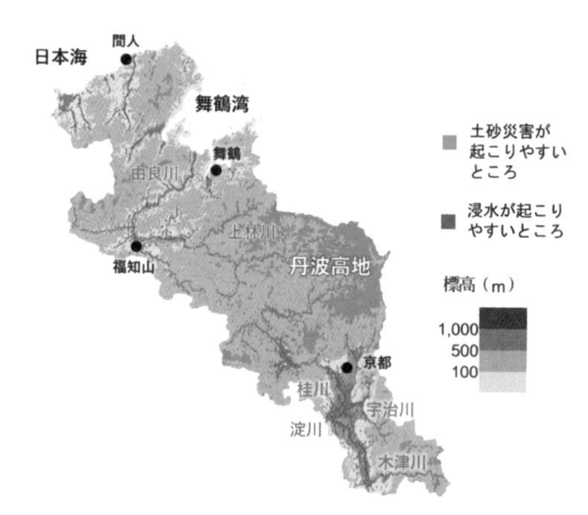

主な地点の気温と降水量

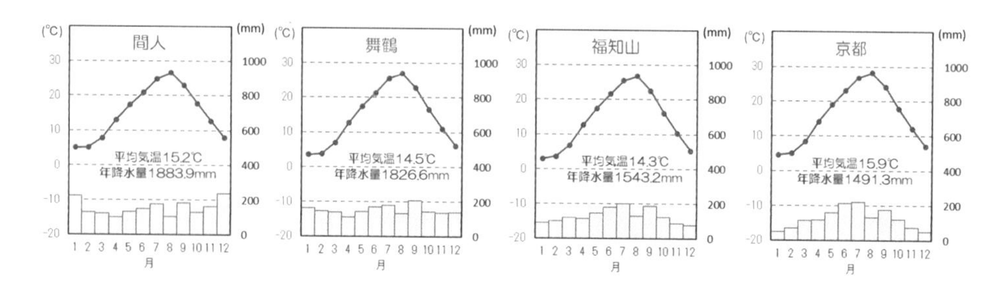

日最高気温(8月の平均)と日最低気温(1月の平均)

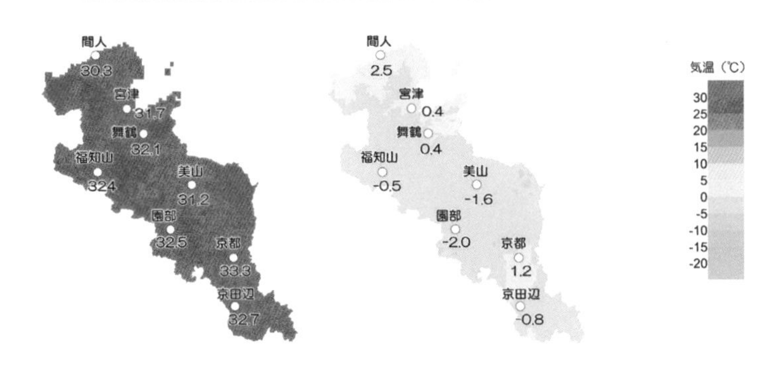

季節ごとの降水量の平年値

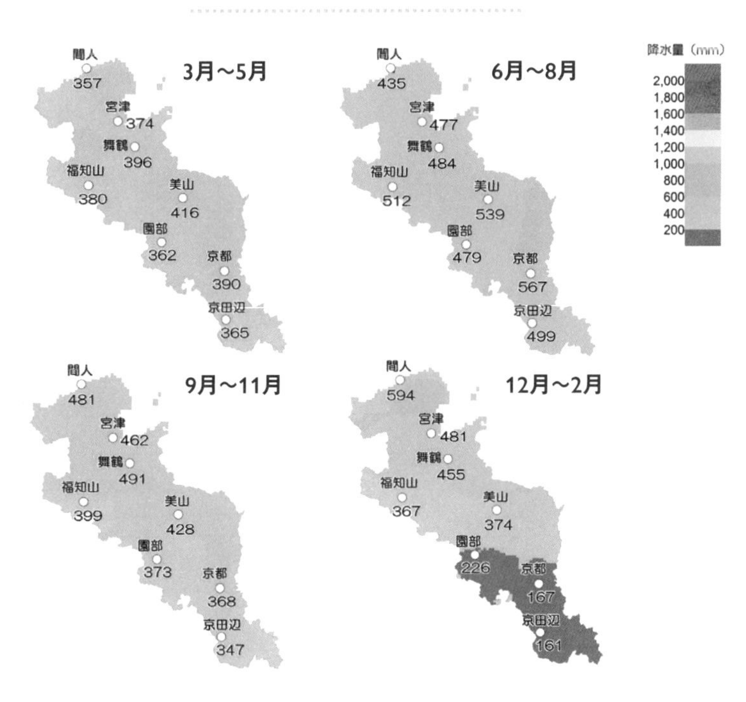

8月の最高気温は京都市周辺でもっとも高く(33.3℃)、1月の最低気温は園部周辺でもっとも低くなります(-2.0℃)。降水量は南部では夏(6~8月)に多く、北部では秋(9~11月)から冬(12~2月)にかけて多くなります。

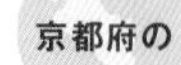

京都府の

気象災害の歴史

京都府では、発達した台風の通過や集中豪雨によって、大きな災害が過去に何度か起こっています。とくに1953（昭和28）年に起こった2度の水害（南山城大水害と台風第13号災害）ではたくさんの犠牲者を出しました。

年月日	災害種別	死者・行方不明者数	被災地	概要
1934年 9月21日	暴風雨	233	全域	室戸台風。室戸岬で最低気圧911.6hPaを記録した台風が京都府を通過。京都市では学校校舎の倒壊により多数の犠牲者が出た。
1951年 7月11日	大雨	114	全域	前線に伴う大雨。平和池が決壊し、篠村では多くの被害が出た。また桂川が氾濫した。
PICK UP 1953年 8月14日～15日	大雨	336	相楽郡 綴喜郡	南山城大水害。停滞した前線により相楽郡、綴喜郡で集中豪雨が発生し、井手町では大正池の決壊により多数の犠牲者が出た。
1953年 9月24日～25日	暴風雨	120	全域	台風の通過により、由良川、桂川、宇治川、木津川などが氾濫し、府内全域で被害が出た。
1959年 8月13日～14日	大雨	14	全域	前線に伴う大雨。桂川では土石流が発生し、由良川などが氾濫した。
1960年 8月29日～30日	暴風雨	11	全域	台風の通過による大雨。桂川、由良川が氾濫した。
1961年 9月15日～16日	暴風雨	12	全域	第二室戸台風。中心気圧が925hPaの台風が室戸岬に上陸、京都府南部を通過し、暴風雨となった。
2004年 10月20日～21日	暴風雨	15	全域	台風が高知県に上陸後、近畿地方から関東地方を縦断した。土砂災害などにより、舞鶴市、宮津市、京丹後市、大江町、加悦町で犠牲者が出た。

恐ろしいため池の決壊

1953年の南山城水害

京都府の南部は、奈良県から見て山の背にあることから「山城国（やましろのくに）」と呼ばれていました。1953（昭和28）年8月14日の夜から15日の朝にかけて、前線の影響で京都府の南部（南山城）に大雨が降り、相楽郡湯船の雨量計は7時間に400mm以上を記録しました。その一方で、20kmほど離れた京都市内では星が見えていたといいますから[111]、非常に狭い範囲に大雨が降ったことになります。当時の技術では集中豪雨の予測ができず、京都測候所は災害が発生した後の15日午前5時になってようやく大雨注意報を発表しました。

この集中豪雨で大きな被害を受けたのが、京都府南部に位置する井手町でした。町を流れる玉川の上流には、「二ノ谷池」「大正池」という2つのため池（農業用ダム）がありましたが、集中豪雨によってこれらが決壊し、土石流となって市街地を襲ったのです。その結果、井手町では全壊家屋278軒、死者・行方不明者108人を出す大災害となりました。

このようなため池決壊による災害は、決して過去のものではありません。たとえば2011（平成23）年3月11日の東日本大震災では、福島県須賀川市の藤沼湖が決壊し、8人の犠牲者が出ています。農林水産省では「防災重点ため池」を選定し、優先順位を決めて、ため池災害への対策を進めています。

土石流に襲われた井手町の様子（毎日新聞社/アフロ）

大阪府

DATA	
府の木／府の花	▸イチョウ／ウメ・サクラソウ
府庁所在地	▸大阪市
面積	▸1905 km²（46位）
人口	▸882万人（3位）[11]
主な日本一	▸鉄道車両の出荷額[13] ▸総面積に占める可住地面積の割合[11]

大阪府は、過去に4つの大きな台風に襲われています。1934（昭和9）年の室戸台風、1950（昭和25）年のジェーン台風、1961（昭和36）年の第二室戸台風、2018（平成30）年の台風第21号です。これら4つの台風はいずれも室戸岬付近を通過して、神戸市付近に上陸したという共通点があります。このコースを台風が通過すると、台風をとりまく風が大阪湾に吹き込み、深刻な高潮被害や強風被害を引き起こします。

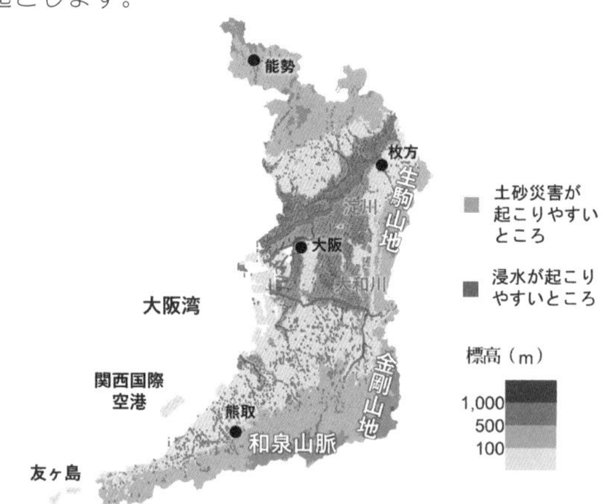

主な地点の気温と降水量

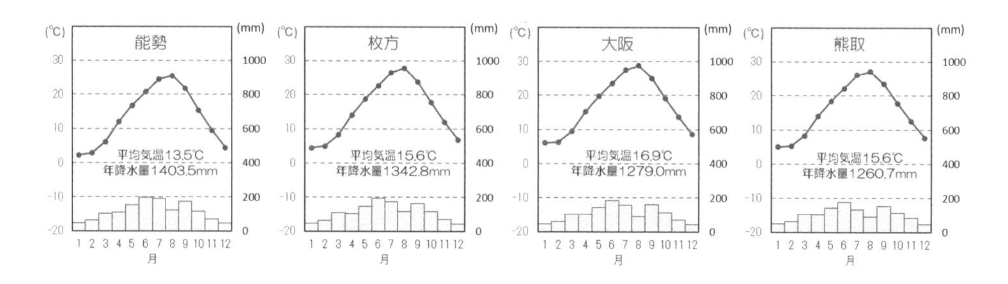

日最高気温(8月の平均)と日最低気温(1月の平均)

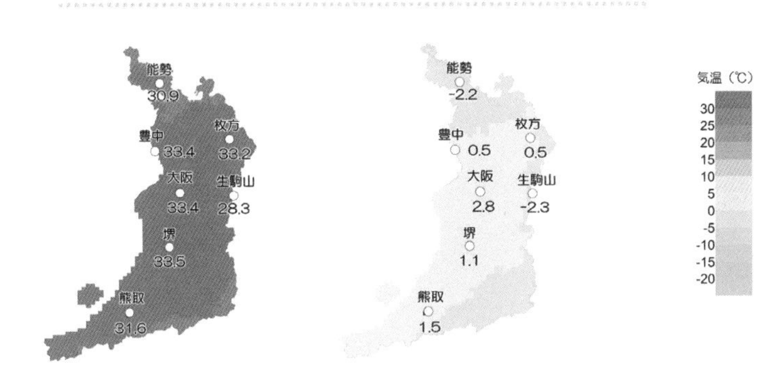

季節ごとの降水量の平年値

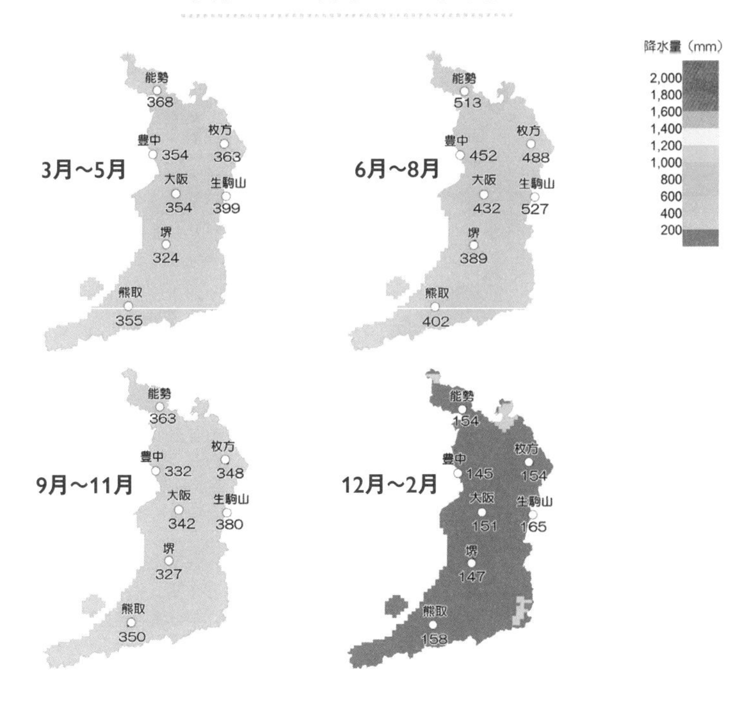

8月の最高気温は堺周辺でもっとも高く(33.5℃)、1月の最低気温は生駒山でもっとも低くなります(-2.3℃)。降水量は年間を通して多くありませんが、夏(6～8月)にやや多く、冬(12～2月)に少ない傾向があります。

気象災害の歴史

大阪府は、過去に何度も台風による強風や高潮の被害を受けています。また梅雨前線に伴う集中豪雨で被害が出ることもあります。

年月日	災害種別	死者・ 行方不明者数	被災地	概要
PICK UP☞ 1934年 9月21日	暴風雨 高潮	1888	全域	室戸台風。室戸岬で最低気圧911.6hPaを記録した台風が兵庫県に再上陸、大阪では最大瞬間風速60 m/sを記録した。大阪湾では高潮が発生して大きな被害が出るとともに、校舎の倒壊などで児童・生徒にも犠牲者が出た。
1950年 9月3日	暴風雨 高潮	256	全域	ジェーン台風。室戸台風とほぼ同じコースを通って台風が上陸し、大阪湾で高潮が発生した。
1952年 7月10日	大雨	89	全域	梅雨前線に伴う大雨。東鳥取村(現・阪南市)では鳥取池が決壊し、多数が犠牲となった。
1953年 9月25日	暴風雨	27	全域	愛知県に上陸した台風の影響で大雨になり、全壊(流失)家屋877軒の被害が出た。
1961年 9月16日	暴風雨 高潮	32	全域	第二室戸台風。中心気圧925hPaの台風が室戸岬付近に上陸、その後、尼崎市付近に再上陸した。大阪湾では高潮が発生し、大きな被害が出た。
1982年 8月1日～3日	大雨	8	南河内	台風と台風崩れの低気圧による大雨。南河内では土砂災害により犠牲者が出た。
2018年 9月4日	暴風雨 高潮	8	全域	台風が神戸市付近に上陸。関西国際空港では最大瞬間風速58.1 m/sを記録するとともに、高潮による浸水が発生した。また強風にあおられて転倒、転落するなどの事故が相次いだ。

“一人の犠牲者も出さなかった天王寺第一小学校”

1934年の室戸台風

1934(昭和9)年9月21日午前5時ごろ、史上最大の台風が室戸岬に上陸しました。室戸岬測候所では、当時としては世界で最も低い地上気圧911.6 hPaを記録しました。この台風は午前7時に神戸市東灘区に再上陸し、大阪では暴風が吹き荒れました。

室戸台風では、たくさんの児童が犠牲になっています。大阪で暴風が吹き荒れた午前8時ごろ、多くの小学校ではすでに児童が登校していました。当時の小学校は木造が一般的であったため、風で倒壊する校舎が続出し、大阪市内だけで176の小学校の建物が全壊・半壊または大破して、269人の児童が命を落としました[114]。

そのようななか、天王寺第一小学校(現在の天王寺小学校)では、校舎が倒壊したにもかかわらず、一人の犠牲者も出ませんでした。その理由は、当時の校長のリーダーシップにありました。7時30分ごろ、校長は自ら玄関に立ち、登校してくる児童を鉄筋の講堂へと誘導しました。同時に、すでに登校して木造校舎にいた児童たちにも、講堂へ移動するよう伝言しました。天王寺第一小学校でも校舎が倒壊しましたが、児童は全員講堂に避難していて無事でした。

室戸台風後の天王寺第一小学校における授業風景。校舎が倒壊したので青空教室で行なわれた(毎日新聞社/アフロ)。

兵庫県

DATA

県の木／県の花	‣クスノキ／ノジギク
県庁所在地	‣神戸市
面積	‣8401 km²（11位）
人口	‣550万人（7位）[11]
主な日本一	‣清酒の出荷額[13] ‣消費支出に占める食糧費割合（2人以上の世帯）[11]

兵庫県の大災害というと1995（平成7）年の阪神淡路大震災が有名ですが、1938（昭和13）年の阪神大水害（死者・行方不明者731人）、1967（昭和42）年7月の豪雨（死者・行方不明者100人）など、過去には大きな気象災害を何度も経験しています。その理由として、急な斜面が多く、土石流や突発的な浸水が起こりやすいことや、明治以降に都市化が進んだ結果、それまで人が住んでいなかった山麓にも宅地が広がっていったことが挙げられます。

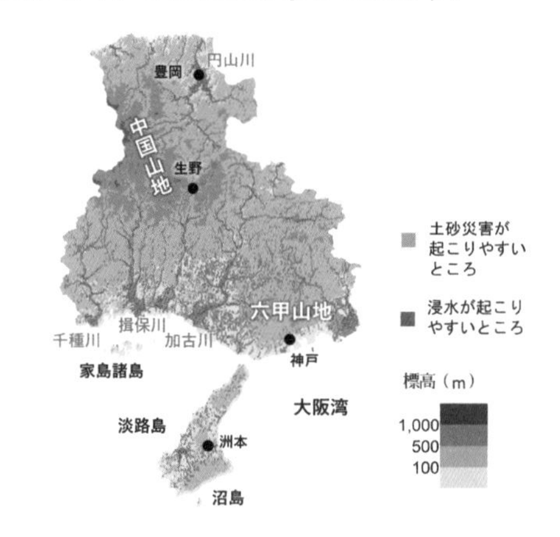

主な地点の気温と降水量

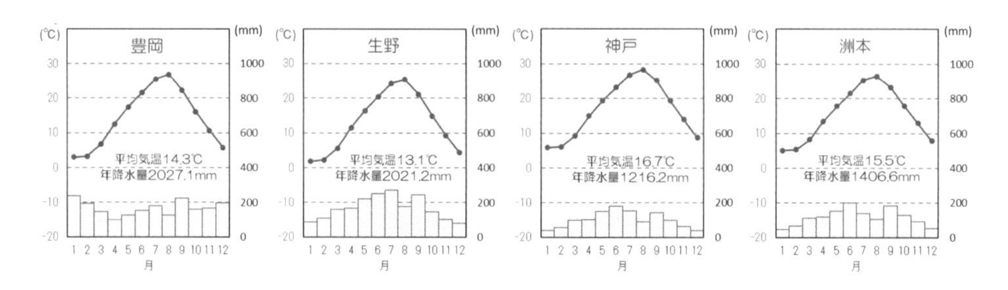

日最高気温（8月の平均）と日最低気温（1月の平均）

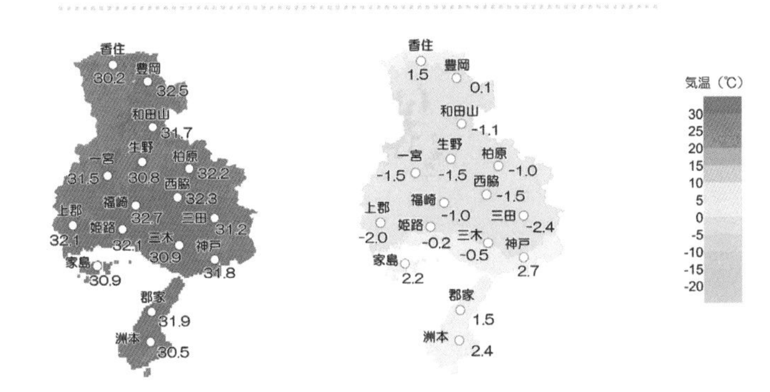

季節ごとの降水量の平年値

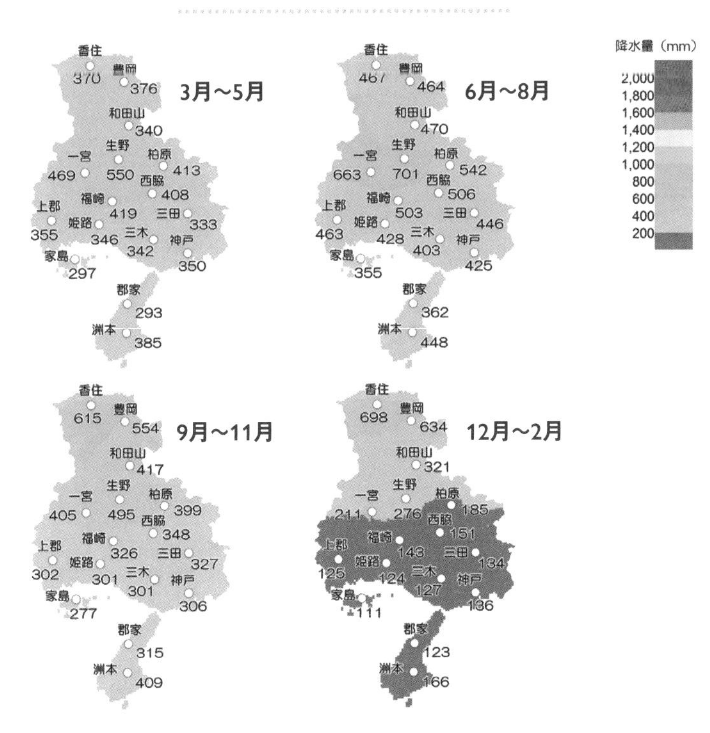

8月の最高気温は福崎周辺でもっとも高く（32.7℃）、1月の最低気温は観測地点のなかでは三田でもっとも低い値を示しています（-2.4℃）。降水量は県の南部では夏（6～8月）に多く、北部では冬（12～2月）に多くなります。

気象災害の歴史

がけ崩れや土石流災害、沿岸での高潮災害、河川の氾濫、ため池の決壊など、過去に大規模な気象災害を何度も経験し、克服してきた県です。

年月日	災害種別	死者・行方不明者数	被災地	概要
1934年 9月21日	暴風雨 高潮	281	全域	室戸台風。室戸岬で最低気圧911.6hPaを記録した台風が兵庫県に再上陸。阪神間と淡路地方は高潮と暴風雨のため、但馬地方は河川増水によって被害が出た。
PICK UP 1938年 7月3日～5日	大雨	731	神戸市 周辺	梅雨前線に伴う大雨。7月3日～5日にかけて神戸市に461.8mmの雨が降り、六甲山系を中心に土砂災害をもたらした。
1945年 10月8日～11日	暴風雨 高潮	231	全域	阿久根台風。発達した台風が瀬戸内海を通過。明石郡大久保町でため池の決壊、美嚢川流域での浸水など、大きな被害となった。
1950年 9月3日	暴風雨 高潮	41	全域	ジェーン台風。神戸以東の沿岸と淡路島の沿岸では高潮被害が発生した。
1961年 6月24日～28日	大雨	41	阪神 淡路 東播磨	梅雨前線に伴う大雨。神戸市ではがけ崩れとともに浸水が発生、伊丹市や加古川市でも浸水被害が出た。
1967年 7月9日	大雨	100	阪神 淡路	梅雨前線に伴う大雨。六甲山系の山沿いでは山崩れが相次いで起こり、家屋の流失、倒壊などで多数の犠牲者が出た。
2004年 10月20日～21日	暴風雨	26	全域	台風に伴う暴風雨。円山川が決壊し、豊岡市では浸水被害が出た。
2009年 8月9日～10日	大雨	22	西播磨	台風に伴う大雨。佐用町で避難所に向かう途中の住民が被災するなど多数の犠牲者が出た。

“避難をうながした徳照寺の鐘”

1938年の阪神大水害

神戸市は六甲山系のふもとにある港町です。六甲山でがけ崩れが起こると、土砂が川に入り、土石流となって市街地に流れ込む危険があります。それが実際に起こったのが1938（昭和13）年の阪神大水害です。

1938年7月3日から5日にかけて、梅雨前線の影響で記録的な大雨が降りました。その影響で六甲山系では各地でがけ崩れが起こり、土石流が市街地を襲いました。この災害で神戸市の家屋の70％が被災し、兵庫県での死者・行方不明者は731人にものぼりました。

各地で大きな被害が出たなかで、清風町会（現在の神戸市中央区中山手通7丁目周辺）では、比較的死傷者が少なくてすみました。この地区には徳照寺というお寺があり、「鐘の音を聞いたものは生命財産をかえりみず高台にある徳照寺に馳せ参ずべし」という言い伝えがありました。警察からの要請で徳照寺は鐘を鳴らし、その音を聞いた住民は川が氾濫する前に避難したということです[118]。

1938（昭和13）年7月5日の阪急三宮駅の様子。建物の1階が土砂で埋まっている（毎日新聞社/アフロ）。

奈良県

DATA	
県の木／県の花	▸スギ／奈良八重桜
県庁所在地	▸奈良市
面積	▸3691 km²（40位）
人口	▸135万人（30位）[11]
主な日本一	▸生薬･漢方製剤の出荷額[13] ▸県の歳出に占める衛生費の割合[11]

奈良県は海に面してはいませんが、台風が水蒸気を運んでくることによって記録的な大雨が降ることがあります。最近の例では、2011（平成23）年に台風第12号によって吉野郡上北山で5日間に1812mmもの雨量を記録し、「深層崩壊」と呼ばれる大規模な山崩れを引き起こしています。古くは1889（明治22）年の大水害で、十津川地区の住民が北海道へと移住した記録が残っています。

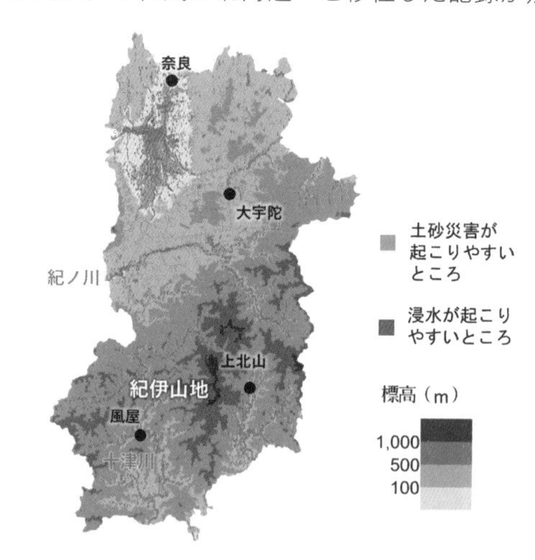

主な地点の気温と降水量

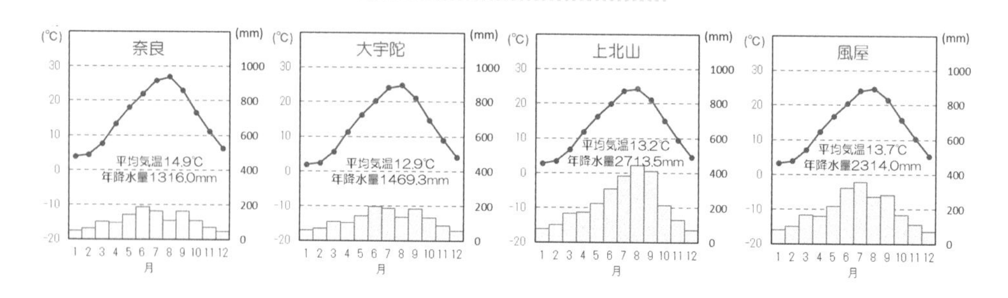

日最高気温(8月の平均)と日最低気温(1月の平均)

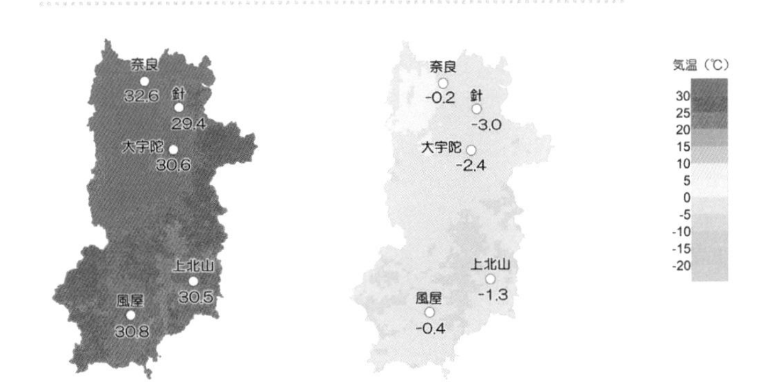

季節ごとの降水量の平年値

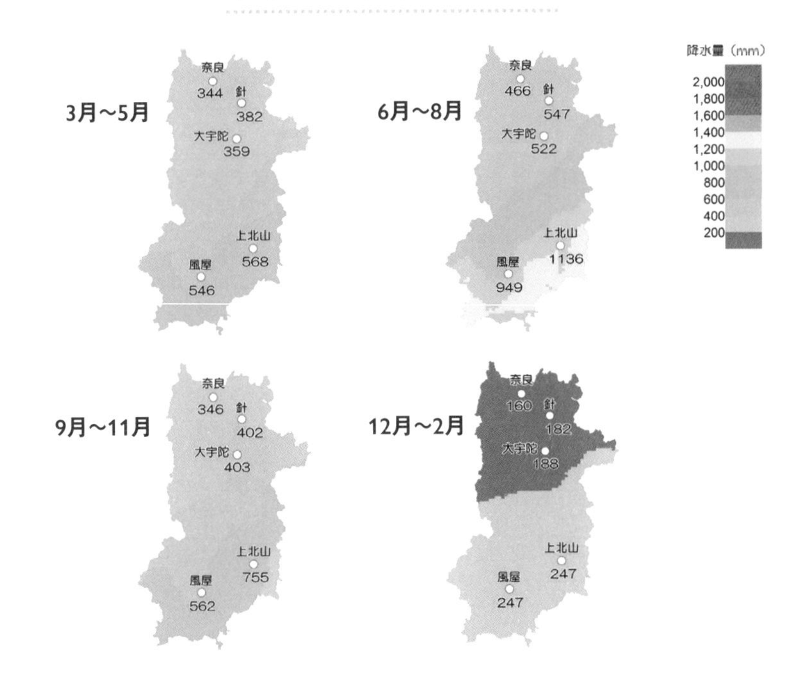

8月の最高気温は奈良周辺でもっとも高く(32.6℃)、1月の最低気温は県南部の山地でもっとも低くなります。降水量は夏(6～8月)に多く、とくに県南部では雨がたくさん降ります。冬(12～2月)の降水量は多くありません。

奈良県の

気象災害の歴史

奈良県は山がちの地形で、台風などがもたらす大雨によってしばしば土砂災害が発生しています。とくに1889（明治22）年の十津川大水害では、せき止め湖の決壊で大きな被害が出ました。

年月日	災害種別	死者・ 行方不明者数	被災地	概要
PICK UP 1889年 8月17日～20日	大雨	249	吉野郡	十津川大水害。高知県に上陸した台風の影響で紀伊半島に大雨が降り、土砂災害・せき止め湖の決壊などで甚大な被害が出た。被災者約2600人が北海道に移住した。
1912年 9月21日～23日	暴風雨	51	全域	猛烈な台風が通過。春日大社、奈良公園の倒木・折木は1万7354本に達した。
1917年 9月28日～30日	暴風雨	30	全域	静岡県に上陸した台風の影響で家屋全壊35軒、床上浸水3341軒の被害が出た。
1953年 7月17日～20日	大雨	44	野迫川村 大塔村	梅雨前線に伴う大雨。大塔村、野迫川村では山崩れにより大きな被害が出た。
1959年 9月23日～26日	暴風雨	113	全域	伊勢湾台風。川上村では土石流により大きな被害が出た。
1971年 9月26日	暴風雨	11	全域	台風が和歌山県に上陸。吉野村、十津川村、天川村などで車で移動中の人が土砂災害に巻き込まれた。
1982年 7月31日 ～ 8月3日	大雨	16	全域	台風第10号が通過後、温帯低気圧になった台風第9号が紀伊半島を通過し、大雨となった。各地で土砂災害や浸水被害が出た。
2011年 8月30日 ～ 9月4日	大雨	24	五條市 十津川村 ほか	台風に伴う大雨。五條市大塔町や十津川村で多数の犠牲者が出た。

北海道へ移住した「災害難民」

1889年の十津川大水害

災害が発生すると、まず応急対策が行なわれ、やがて復旧・復興に入り、そして人々は徐々に日常の生活を取り戻します。しかし、災害によって街が完全に破壊されてしまうと、もはや復旧・復興が不可能になり、その土地を離れて移住せざるを得なくなります。このような人々を「災害難民」と呼ぶことがあります[121]。1889（明治22）年に奈良県南部を襲った大雨は、たくさんの「災害難民」を生み出しました。

1889年8月17日から20日にかけて、台風と前線によって紀伊半島南部に大雨が降りました。その影響で、奈良県南部では大規模な地すべりが発生するとともに、土砂が川をせき止める「せき止め湖」が53個もつくられ、それらが決壊して土石流となって人里を襲いました。168人もの死者を出した十津川郷（現在の十津川村）では、土石流によって田畑が土砂に埋まり、多くの人が生活の糧を失ってしまいました。そうして、誰からともなく「新天地に移住しよう」という話になったということです。

移転先としてはハワイなども候補に挙がったそうですが、全員が英語を覚えるのは現実的ではなく、結局、北海道に移住することになりました。そうして災害からわずか2か月後の10月18日、十津川郷の住民2667人が、北海道へと出発しました。1902（明治35）年には正式に「新十津川村」が誕生し、現在では新十津川町として発展しています。

北海道新十津川町に広がる蕎麦畑（CRENTEAR/PIXTA）

和歌山県

DATA

県の木／県の花	▸ウバメガシ／ウメ
県庁所在地	▸和歌山市
面積	▸4725 km²（30位）
人口	▸95万人（40位）[11]
主な日本一	▸ミカンの出荷量[18] ▸ウメの出荷量[18] ▸野菜漬物の出荷額[13]

和歌山県は紀伊半島の先のほうにあり、海に突き出ているので、台風が上陸しやすい県です。南部の山地では、日降水量が数百mmを超えることも珍しくありません。ふだんから強い雨が降っているので、少々の雨では災害は起こりませんが、降水量があまりにも多いときには、川の上流で大規模な山崩れが起きたり、土石流が下流の街を襲ったりすることがあります。

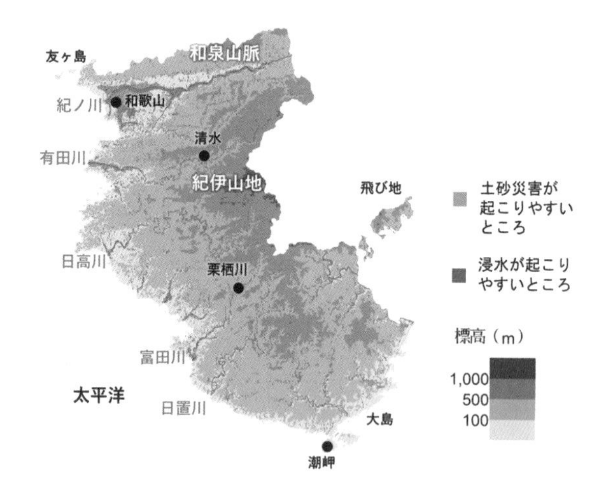

主な地点の気温と降水量

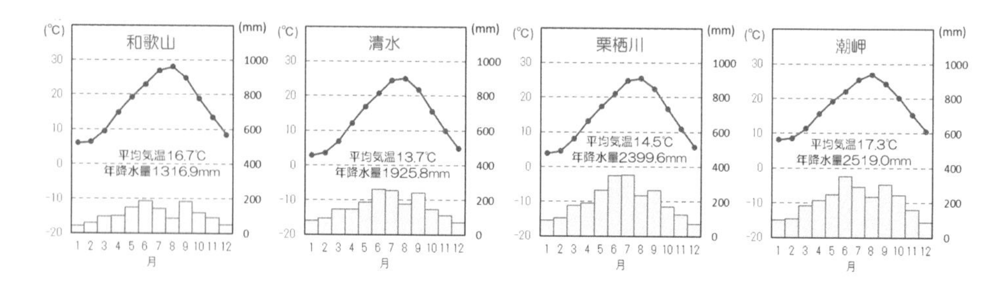

日最高気温(8月の平均)と日最低気温(1月の平均)

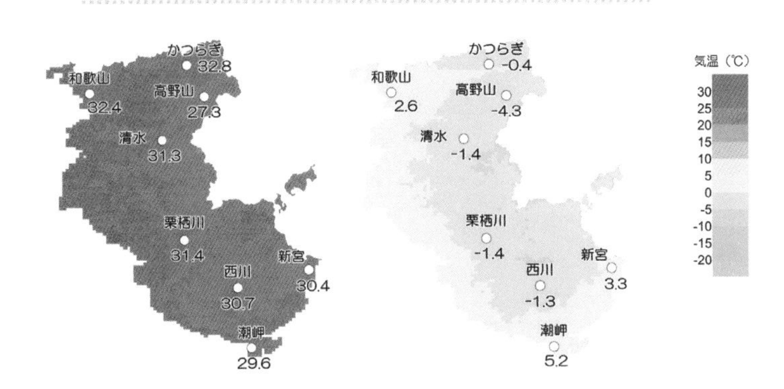

季節ごとの降水量の平年値

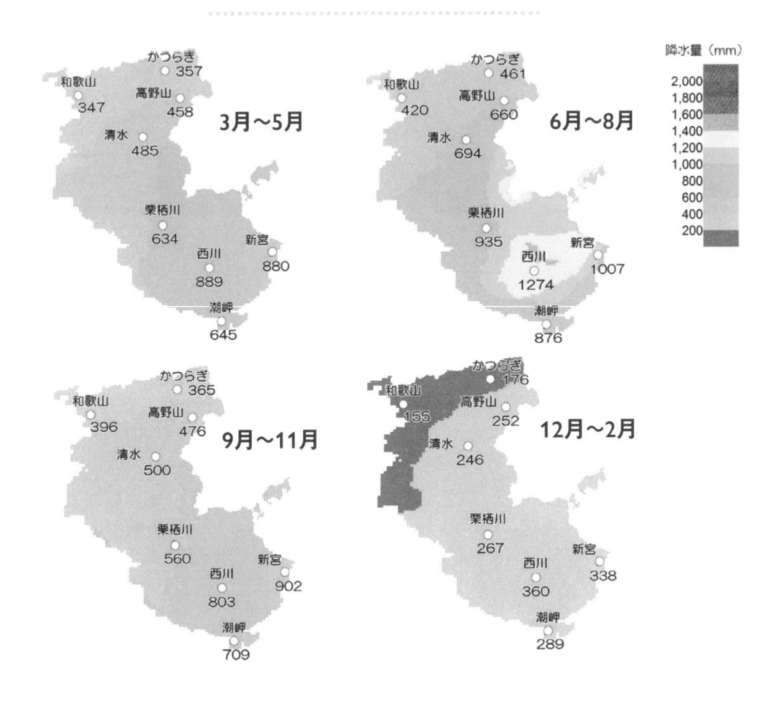

8月の最高気温はかつらぎ周辺でもっとも高く(32.8℃)、1月の最低気温は高野山周辺でもっとも低くなります(-4.3℃)。降水量は夏(6～8月)に多く、冬(12～2月)には非常に少なくなります。

和歌山県の

気象災害の歴史

和歌山県では、大きな災害はそれほど多くありませんが、1000人以上の犠牲者を伴う災害が過去に2回も起こっています。

年月日	災害種別	死者・ 行方不明者数	被災地	概要
1870年 9月18日	暴風雨	137	紀ノ川 流域	紀ノ川の洪水で流失家屋1000軒。降雨状況は不明。
1888年 8月30日～31日	暴風雨	50	日高郡 有田郡	台風が四国沖を経て大阪を通過。暴風による家屋の倒壊、船舶の難破などで大きな被害を受けた。
1889年 8月18日～20日	大雨	1221	全域	台風が四国中部を北上。和歌山県内は未曽有の豪雨となり、各河川が氾濫して甚大な被害となった。
1934年 9月21日	暴風雨	37	全域	室戸台風。和歌山県では高潮被害が発生し、有田郡以北の沿岸で大きな被害を受けた。
1950年 9月3日	暴風雨	59	全域	ジェーン台風。台風が淡路島付近を通過。和歌山県内では最大瞬間風速46.0m/sを記録した。
PICK UP 1953年 7月17日～18日	大雨	1046	県北部	南紀豪雨。梅雨前線に伴う豪雨が数時間に集中したため、土砂災害が起こるとともに、有田川、日高川、貴志川などが氾濫した。
1959年 9月23日～26日	暴風雨	17	全域	伊勢湾台風。最大瞬間風速48.5m/sを記録するなど、暴風が吹き荒れた。
1961年 9月14日～16日	暴風雨	16	全域	第二室戸台風。最大瞬間風速56.7m/sを記録するとともに、各地で大雨が降った。
2011年 8月30日 ～ 9月4日	大雨	61	全域	移動の遅い台風が四国から中国地方を縦断した。紀伊半島各地で大雨となり、土石流や大規模な地すべりなどで大きな被害を受けた。

アリ輸送で食料を山間地に届ける

1953年の南紀豪雨

1953（昭和28）年7月17日から18日にかけて、のちに南紀豪雨と呼ばれる災害が発生しました。観測記録によると、有田川や日高川などの上流で2日間の降水量が500mmを超えています。有田川では10m、日高川では6mも水位が上昇し、河川が氾濫して、あたり一面が泥の海になりました。また山間地ではあちこちでがけ崩れが発生し、場所によっては風景が一変してしまったといいます。この災害による死者・行方不明者は1046人、罹災者は23万6590人にも上りました[122]。

当時の和歌山県は、「百万県民に訴える」と題して、災害からの復興への県民の協力を以下のように訴えています[122]。

被害地域は有田川、広川、日高川、貴志川および熊野川の各河川流域にわたり、その奥地山間部は交通至難の地であり、加うるに道路橋梁の流失、山崩れ、増水などによる交通途絶のため、救援作業もかつてない困難を伴いました。（中略）百万県民がうって一丸となり、力強く復興に立ち上がらんことを望んで止みません。

この災害では、「蟻（アリ）輸送」、つまり人間が食料を担いで山間地に運ぶことにより、孤立した集落の人々を助けました。こうした県民の助け合いによって、和歌山県はしだいに元の姿をとりもどし、大災害から復興していきました。

食料運搬の様子（毎日新聞社/アフロ）

鳥取県

DATA

県の木／県の花	▸ダイセンキャラボク／二十世紀梨の花
県庁所在地	▸鳥取市
面積	▸3507 km^2（41位）
人口	▸57万人（47位）[11]
主な日本一	▸ベニズワイガニの漁獲量[28] ▸人口あたりの専修学校数[11]

鳥取県はライオンが寝ているような形をした県です。高さ1729mの大山(だいせん)があり、日本海に面して平野が広がっています。また山地から日本海へ向けて千代川、天神川、日野川の3つの大きな河川が流れています。過去の記録を見ると、台風が近畿地方や中国地方を通過したときに大雨が降りやすく、1893（明治26）年には日野川や千代川があふれて大水害になっています。冬の積雪はふだんの年は鳥取市で40cm、米子市で20cm程度ですが、大雪の年には積雪深が1m近くになり、交通渋滞や車のスリップ事故などが起こることがあります。

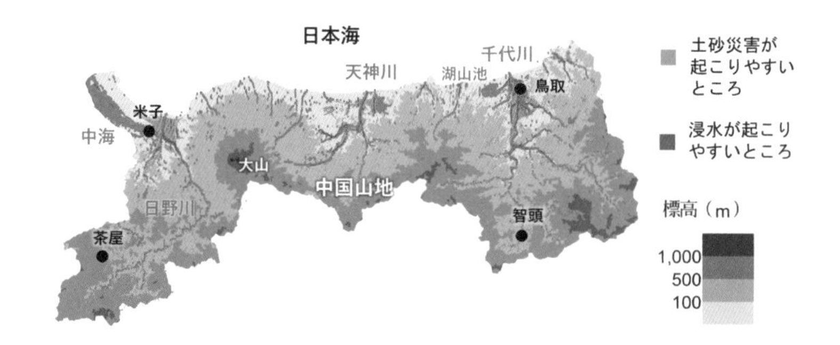

主な地点の気温と降水量

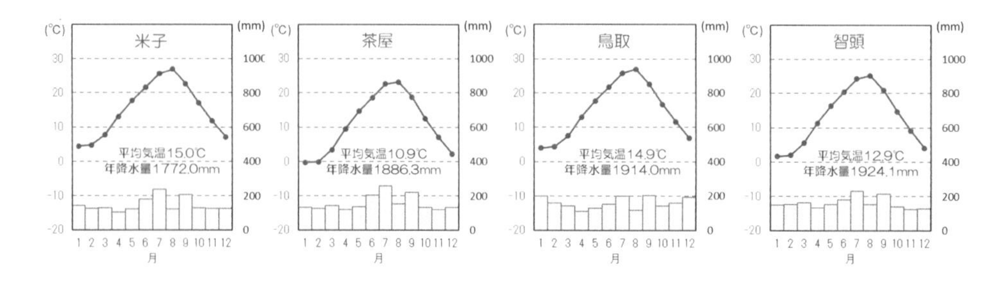

日最高気温（8月の平均）と日最低気温（1月の平均）

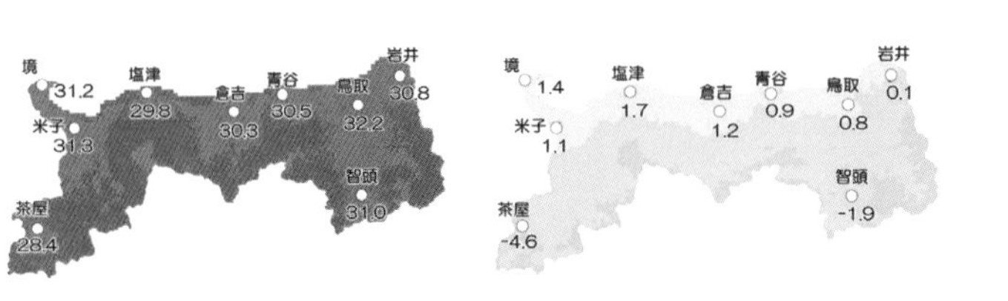

季節ごとの降水量の平年値

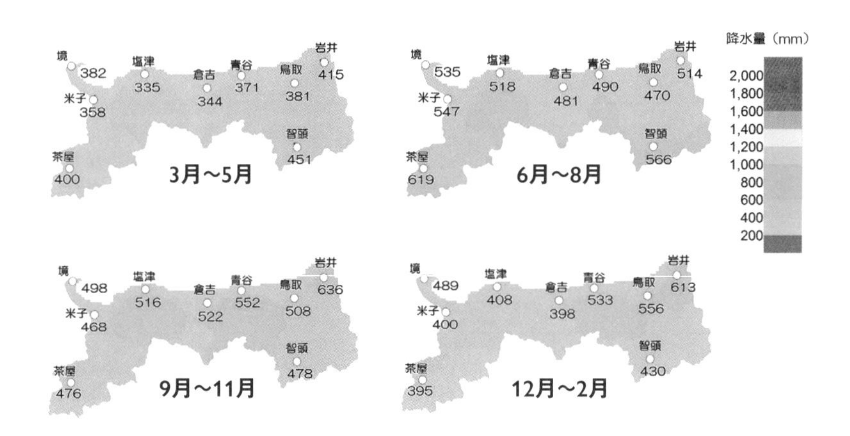

8月の最高気温は鳥取市周辺でもっとも高く（32.2℃）、1月の最低気温は茶屋周辺でもっとも低くなります（-4.6℃）。降水量は、北部では夏（6～8月）、秋（9～11月）、冬（12～2月）にはほとんど同じくらいで、春（3～5月）に少なくなります。南部では夏に多くなります。

鳥取県の

気象災害の歴史

気象災害の多くは台風によるもので、近畿地方を通った台風が原因で何回か大水害が起こっています。また2010～2011（平成22～23）年の冬には大雪被害も起こっています。

年月日	災害種別	死者・行方不明者数	被災地	概要
1893年 10月10日～16日	暴風雨	328	全域	台風により日野川が氾濫。多数の家屋が流失するなど大きな被害となった。
1912年 9月21日～23日	大雨	95	全域	台風が大阪湾から能登半島に抜けた。境で239.6mm、倉吉で166.1mmの雨量を記録、堤防の決壊1765か所。
PICK UP 1934年 9月19日～21日	暴風雨	81	全域	室戸台風。台風は室戸岬から新潟を通過。鳥取県内では大雨となり、各地で浸水が発生した。
1949年 6月18日～21日	暴風雨	9	全域	デラ台風。台風が鹿児島から対馬海峡に抜けた。住宅全壊3軒、船舶沈没1隻。
1954年 9月24日～27日	暴風雨	35	全域	洞爺丸台風。岡山県・広島県東部から鳥取県を通過。住家全壊41軒、船舶行方不明6隻。
1963年 1月	大雪	5	全域	サンパチ豪雪。全壊家屋31軒、半壊家屋18軒。
1987年 10月16日～17日	暴風雨	4	全域	台風が室戸岬から近畿地方を通過。県中部を中心に記録的な豪雨となった。
2010年12月 ～ 2011年2月	大雪	9	全域	最深積雪が米子で89cm、境で72cm、奥大山スキー場で隊員4人が雪崩に巻き込まれるなど大きな被害となった。

“枕を高うして眠れるというてよい”

1934年の室戸台風と千代川の改修

室戸台風は歴史に残る猛烈な台風です。1934（昭和9）年9月21日に高知県室戸岬に上陸し、911.6hPaの気圧が記録されました。これは台風が日本に上陸したときの最低気圧として、今も破られていない記録です。台風から少し離れた鳥取県でも、大雨によって浸水が起こり、81人が犠牲になりました。

ところが、鳥取市を流れる千代川の下流では、あまり大きな被害を受けませんでした。その理由は、1922（大正13）年から行なわれた工事で、大きく曲がっていた千代川をまっすぐにして、水が流れやすいようにしていたためです。

当時の新聞は次のように書いています。「千代川改修の効果はテキ面であった。川外一帯は枕を高うして眠れるというてよい」[126]。災害で困っていた人たちのホッとした気持ちが書かれています。

ただ、鳥取県のほかの地域は、室戸台風がもたらした大雨によって被害を受けました。その後、堤防をつくったり、川の流れを変えたりしながら、少しずつ水害を克服していきました。

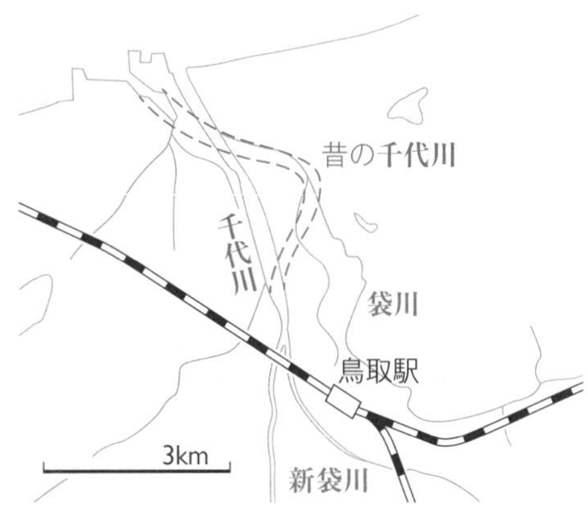

昔の千代川は赤い線のように曲がっていたが、1924（大正13）年から始まった工事によって、まっすぐになった。また、新袋川という人工の川もつくられていたため、室戸台風では被害が少なかった。

島根県

DATA

県の木／県の花	‣クロマツ／ボタン
県庁所在地	‣松江市
面積	‣6708 km^2（19位）
人口	‣69万人（46位）[11]
主な日本一	‣シジミの漁獲量[28] ‣県·市町村の人口あたりの社会教育費[11]

島根県には、スサノオノミコトという神様が、頭が8つある「ヤマタノオロチ」という大蛇を退治した物語が伝わっています。「ヤマタノオロチとは、洪水をくりかえす斐伊川のことである」という説もあるそうですが、よくわかっていません。日本海に面していて、海から雨雲や雪雲がしばしば上陸してくるため、古くから豪雨や豪雪に悩まされてきた県です。

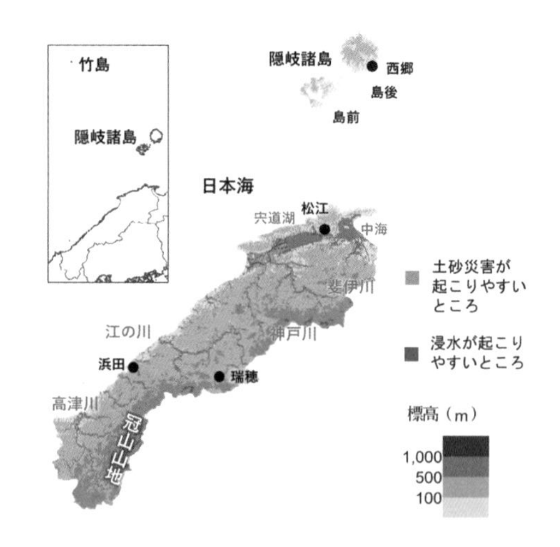

主な地点の気温と降水量

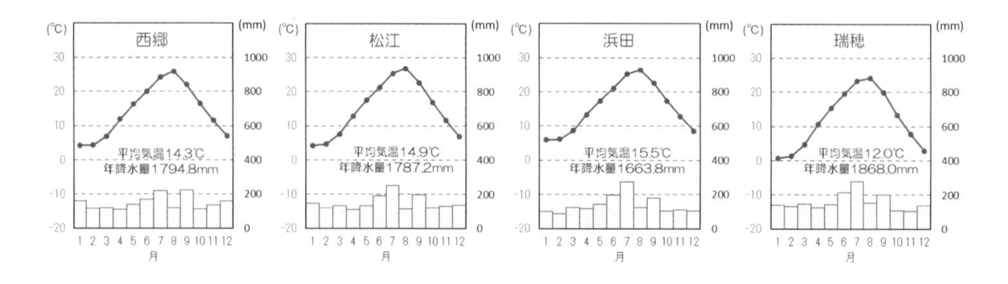

日最高気温（8月の平均）と日最低気温（1月の平均）

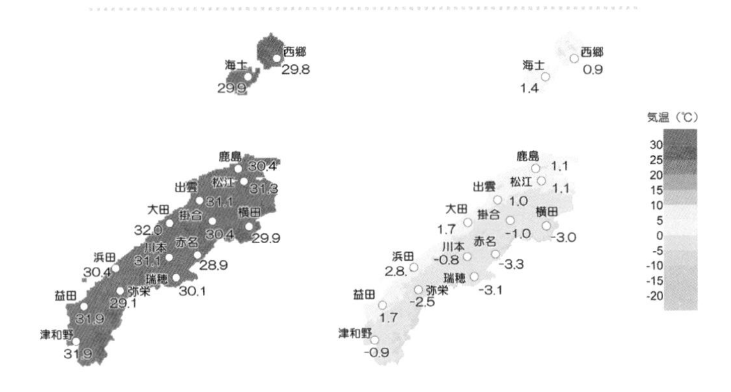

季節ごとの降水量の平年値

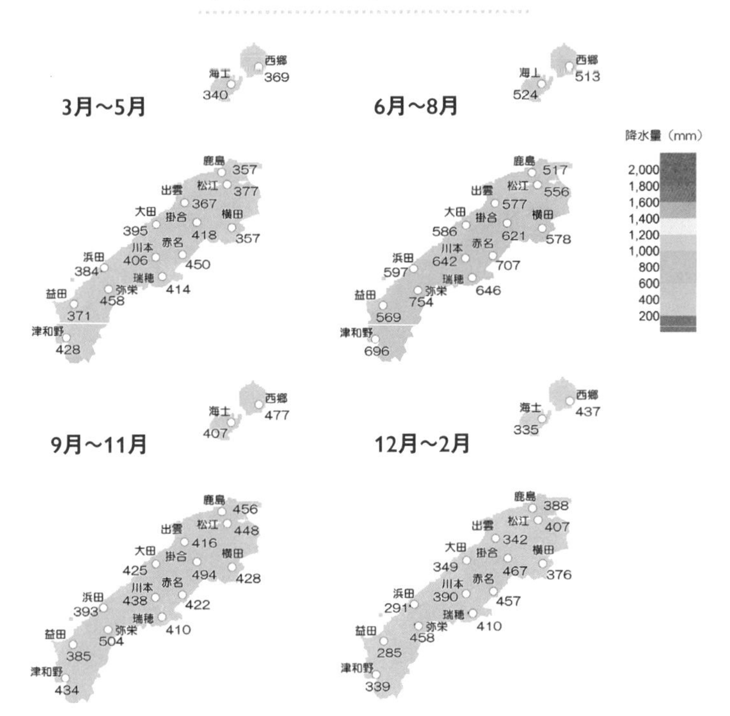

8月の最高気温は大田周辺でもっとも高く（32.0℃）、1月の最低気温は赤名周辺でもっとも低くなります（-3.3℃）。降水量は夏（6～8月）にもっとも多くなります。

島根県の

気象災害の歴史

島根県ではしばしば集中豪雨が発生していて、1964（昭和39）年の山陰北陸豪雨、1983年の昭和58年7月豪雨では大きな被害を出しました。また台風や大雪でも大災害が起こった歴史があり、1943（昭和18）年の台風災害、1963（昭和38）年のサンパチ豪雪災害などが大災害として記録に残っています。

年月日	災害種別	死者・ 行方不明者数	被災地	概要
1893年 10月10日～16日	暴風雨	73	全域	台風により、島根県下が大洪水となった。家屋流失488軒、家屋全壊2806軒。
1943年 9月19日～20日	暴風雨	412	全域	台風が西日本を通過、島根県では山崩れ、下流では土石流や洪水が発生し、石見地方を中心に大きな被害となった。
1963年 1月	大雪	33	全域	サンパチ豪雪。家屋全壊204軒、雪崩70か所。
1964年 7月16日～19日	大雨	111	県東部	山陰北陸豪雨。梅雨前線により、松江市を中心とする県東部に豪雨が発生し、1万か所を超えるがけ崩れが起こった。
1972年 7月9日～15日	大雨	26	全域	梅雨前線の活動により、県内のほとんどの地域で500mmを超える豪雨となり、益田・浜田市周辺、江の川流域、および宍道湖が氾濫した松江市周辺に被害が出た。
PICK UP 1983年 7月20日～23日	大雨	107	浜田市 三隅町 弥栄村 ほか	梅雨前線に伴う大雨。23日未明に益田市、三隅町、浜田市、弥栄村で大雨となり、河川氾濫、土砂災害で大きな被害が出た。
1988年 7月13日～15日	大雨	6	県西部	梅雨前線に伴う大雨。浜田市、三隅町で土砂災害が発生したほか、山陰本線や国道9号が不通になるなど、生活にも大きな影響が出た。

“防災無線放送が命を守った”

昭和58年7月豪雨の三隅町

防災無線放送システムを知っていますか。これは、役場の職員が住民に向けて情報を伝えることのできるシステムです。屋外にスピーカーを置き、夕方に「夕やけ小やけ」などの音楽を時報として流している市町村が多いようです。

災害時には、避難を呼びかけるために使います。ただし、激しく雨が降っていたり、雷が鳴っていたりするときは、スピーカーからの声がよく聞こえないことがあるので、各家庭に受信機を配り、声が家庭に直接届くようにしている市町村もあります。

そんなシステムを1982（昭和57）年にいちはやく取り入れていたのが、三隅町（現在は浜田市）です。このシステムが、昭和58年7月豪雨で大いに役立ちました。

三隅町では、役場から住民に向けて5分ごとにさまざまな情報を伝えました。7月23日5時18分には町長が「非常事態宣言」を直接住民に伝え、大雨が2回目のピークを迎える前の朝7時には住民のほとんどが避難することができました[128]。

三隅町でも33人の犠牲者が出ましたが、全壊家屋数の割には死者・行方不明者を小さく抑えることができたといわれています。

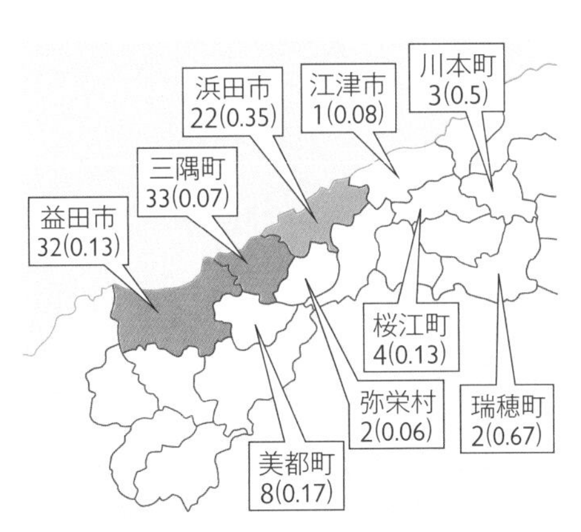

昭和58年7月豪雨における死者・行方不明者数。かっこ内の数字は、死者・行方不明者数を全壊家屋数で割った値。三隅町では、全壊家屋の数にくらべて死者・行方不明者が少なかった。

岡山県

DATA

県の木／県の花	▸あかまつ／モモの花
県庁所在地	▸岡山市
面積	▸7114 km²（17位）
人口	▸191万人（20位）[11]
主な日本一	▸フナの漁獲量[28] ▸学校服の出荷額[13]

「晴れの国おかやま」というのが岡山県のキャッチコピーです。これは、「降水量が1mm未満の日が全国で一番多い」ことから名づけられたものです。実際、岡山県南部は瀬戸内式気候で、全国的に見ても降水量の少ない地域です。一方で、降水量の少ない地域であるために、わずかな雨が大災害を引き起こすことがあります。「晴れの国」だからこそ、大雨に注意してもらいたいと思います。

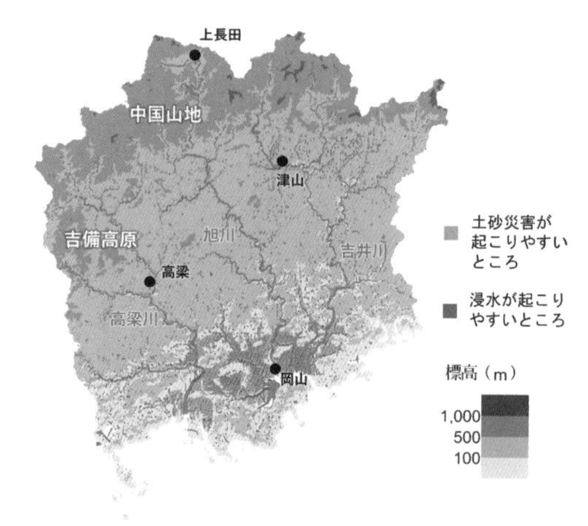

主な地点の気温と降水量

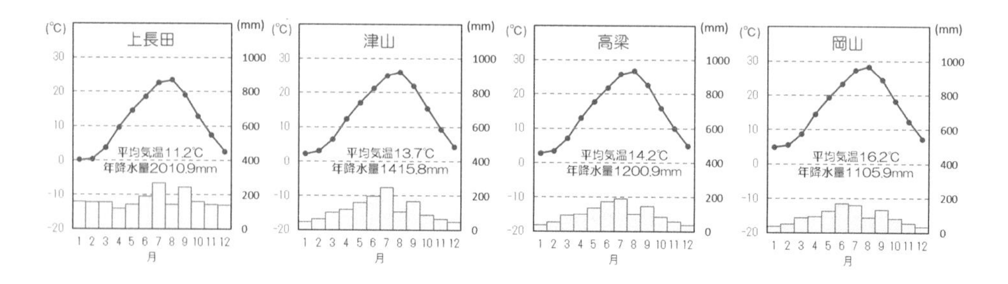

日最高気温(8月の平均)と日最低気温(1月の平均)

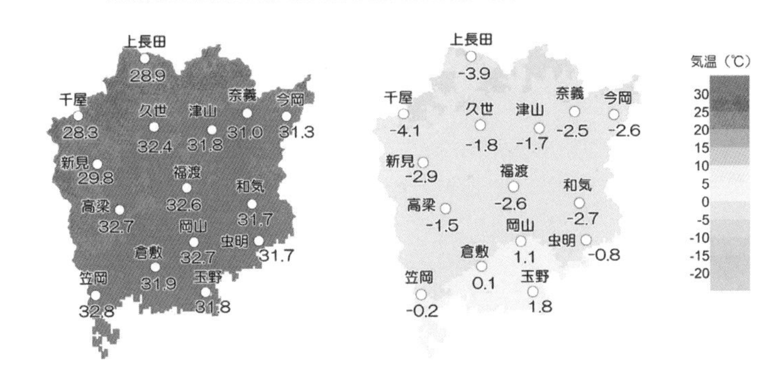

季節ごとの降水量の平年値

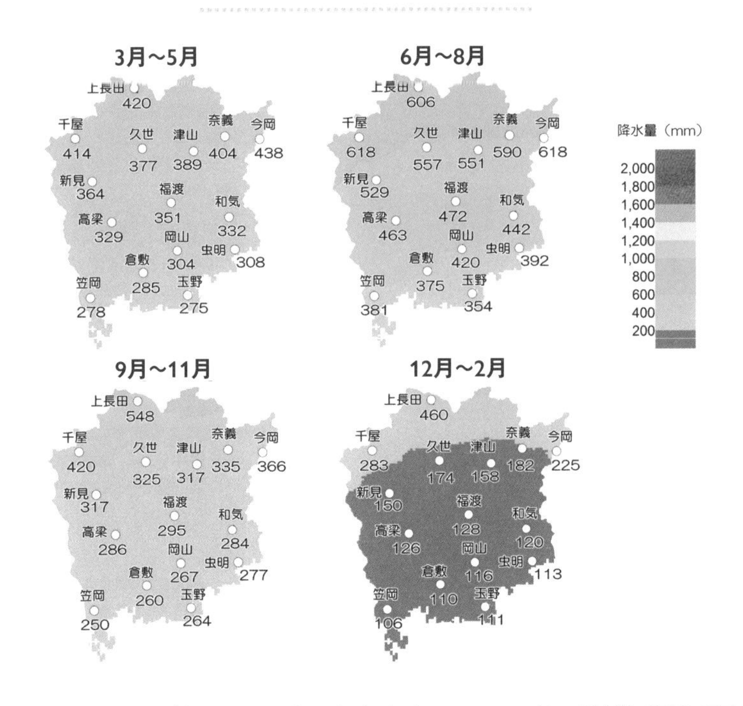

8月の最高気温は笠岡周辺でもっとも高く(32.8℃)、1月の最低気温は千屋周辺でもっとも低くなります(-4.1℃)。降水量は全体として夏(6～8月)に多く冬に少ない傾向がありますが、県北部では冬(12～2月)にも多くの降水が観測されます。

気象災害の歴史

岡山県は1884（明治17）年の高潮による大災害、1893（明治26）年の大水害など、過去に大きな気象災害に襲われた歴史があります。1945（昭和20）年の枕崎台風以降、気象災害の犠牲者は少なくなってきましたが、2018年の平成30年7月豪雨では、ふたたび大水害に見舞われました。

年月日	災害種別	死者・行方不明者数	被災地	概要
1884年 8月25日	高潮	655	沿岸域	台風の通過により高潮が発生。児島郡福田新田では干拓堤防が決壊して多数の家屋が流出したほか、浅口郡でも浸水被害が出た。
1893年 10月12日～14日	暴風雨	423	全域	台風による大雨。とくに旭川、高梁川流域は未曾有の大水害となった。また水害後に腸チフスや赤痢などの伝染病が流行した。
1934年 9月20日～21日	暴風雨 高潮	152	全域	室戸台風。岡山県内では河川が増水し、岡山市内が大水害となるなど大きな被害が出た。
1945年 9月16日～18日	暴風雨	127	全域	枕崎台風が岡山付近を通過。とくに吉井川の降水被害が大きかった。
1972年 7月9日～13日	大雨	15	全域	梅雨前線の停滞により、県下一帯が集中豪雨に見舞われた。とくに県西部の被害が大きかった。
1976年 9月8日～13日	暴風雨	18	全域	台風第17号が秋雨前線を刺激し、県下一帯が豪雨に見舞われた。とくに、県南東部および西部の被害が大きかった。
1990年 9月17日～20日	暴風雨	10	全域	台風と秋雨前線による大雨。岡山市横井上でがけ崩れが発生したほか、中小河川の氾濫が相次いだ。
PICK UP☞ 2018年 7月5日～8日	大雨	69	全域	平成30年7月豪雨。高梁川水系の小田川が氾濫し、倉敷市真備町地区で大きな被害が出た。

“高齢者の避難をどうすればよいのか”

平成30年7月豪雨での倉敷市の水害

倉敷市真備町地区は、静かな住宅地です。2018（平成30）年7月6日の深夜から7日の未明にかけて、活発になった梅雨前線によって大雨となり、堤防が決壊しました。その結果、真備町地区が一晩のうちに水没したのです。浸水の深さは場所によっては5mを超え、逃げ遅れたたくさんの人たちが屋根の上にのがれました。この氾濫によって、真備町地区だけで51人が亡くなり、その多くが高齢者でした[131]。

真備町地区の人に話を聞くと、「1分間に2cmの割合で水が深くなっていった」といいます[132]。「1分間に2cm」というと、ずいぶんゆっくりに思えますが、30分たつと60cmの深さになり、大人でも外を歩くのが難しくなります。こうして気がつかないうちに浸水が始まり、いつのまにか避難するのが難しいほどの水深になってしまい、多くの人が家にとり残されたと考えられます。それでも、若くて体力のある人は屋根に上ることができましたが、寝たきりの人や、高齢で体力のない人は、屋根に上ることもできず、そのまま溺れてしまったものと思われます。

高齢者や障害者は避難に時間がかかることから、国や市町村は早めの避難を呼びかけていますが、なかなかうまくいかないのが実情です。近所ぐるみでのサポートなどを通して、早めの避難ができるようにしていく必要があります。

浸水で傾いた倉敷市真備町地区の寺院

広島県

DATA

県の木／県の花	▸モミジ／モミジ
県庁所在地	▸広島市
面積	▸8480 km²（11位）
人口	▸283万人（12位）[11]
主な日本一	▸牡蠣（カキ）の生産量[28] ▸小学校の女性教員の割合[11]

広島県は、面積の約半分が「花こう岩」という地質でおおわれています。花こう岩は雨や気温の変化によってもろくなり、表面が「マサ土」と呼ばれるザラザラした土に変わります。マサ土は水がしみ込みやすく、崩れやすい性質をもっています。このため、少しの雨量で土砂災害が起こることがあります。過去には2000人以上が亡くなった1945（昭和20）年の枕崎台風や、最近では2018年の平成30年7月豪雨などで、がけ崩れや土石流によってたくさんの犠牲者が出ています。このような災害を克服するために、さまざまな努力をしている県でもあります。

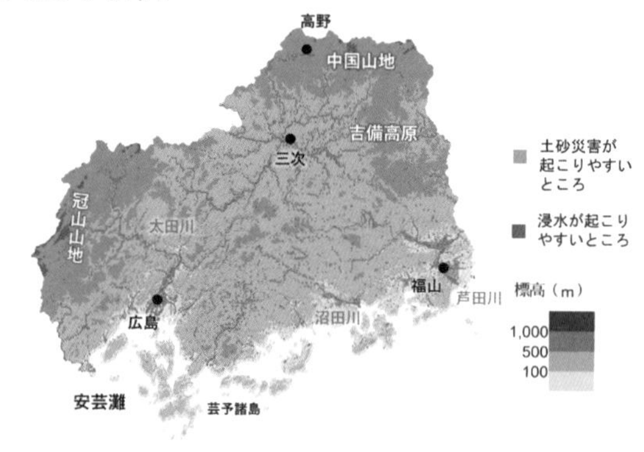

主な地点の気温と降水量

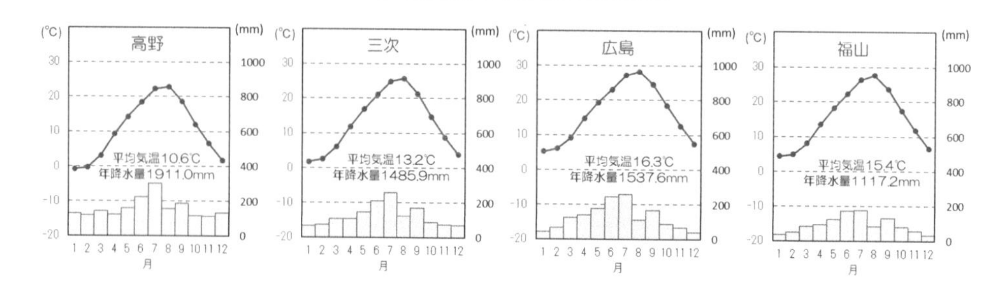

日最高気温（8月の平均）と日最低気温（1月の平均）

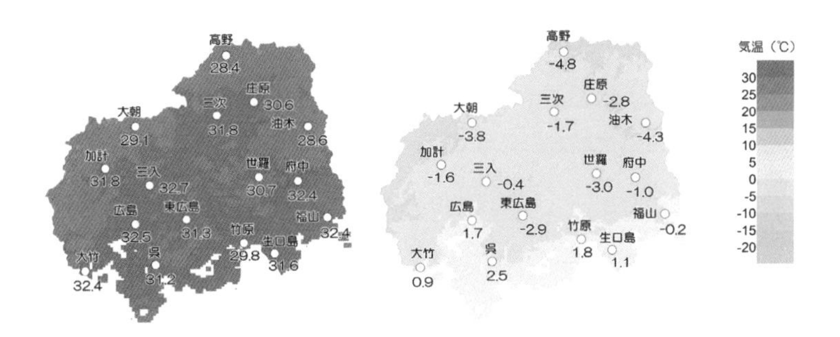

季節ごとの降水量の平年値

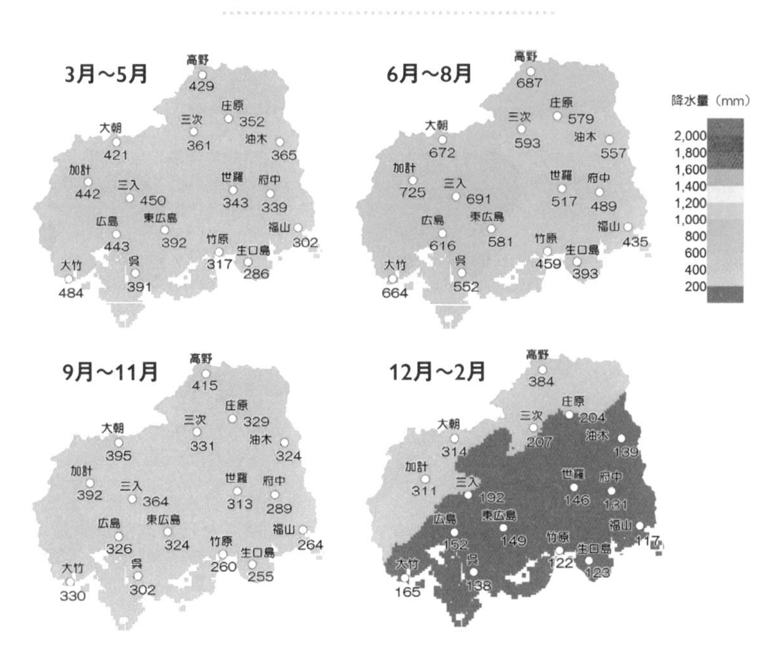

8月の最高気温は三入周辺でもっとも高く（32.7℃）、1月の最低気温は高野周辺でもっとも低くなります（-4.8℃）。降水量は夏（6～8月）に多く、冬（12～2月）には少なくなります。

気象災害の歴史

広島県は大雨が降ると土砂災害の起こりやすい場所で、過去には1945（昭和20）年の枕崎台風、1951（昭和26）年のルース台風、1967年の昭和42年7月豪雨など、何度も大災害に見舞われています。

年月日	災害種別	死者・行方不明者数	被災地	概要
1884年 8月25日	高潮	181	沿岸域	台風に伴う高潮。広島区、佐伯郡で大きな被害が出た。
1902年 8月10日～11日	暴風雨	94	全域	台風による暴風雨。死者のうち34人は倉橋島のもの。
PICK UP 1945年 9月17日	暴風雨	2012	全域	枕崎台風。枕崎市で最低気圧916.1hPaを記録した猛烈な台風が広島県を通過。とくに広島市、呉市では土砂災害や洪水で大きな被害が出た。
1951年 10月15日	暴風雨 高潮	166	全域	ルース台風。太田川、八幡川、木野川などで堤防が決壊し、沿岸部では高潮により被害が増大した。
1967年 7月7日～9日	大雨	159	全域	梅雨前線による大雨。呉市ではがけ崩れや河川の氾濫が全市にわたり、大きな被害となった。
1972年 7月9日～14日	大雨	39	全域	梅雨前線による大雨。とくに県北部を中心として河川の氾濫やがけ崩れが発生し、大きな被害となった。
1999年 6月29日	大雨	32	県南西部	梅雨前線による大雨。県南西部でがけ崩れや土石流が発生。被害は都市近郊の新興住宅地に集中。
2014年 8月20日	大雨	77	広島市 周辺	前線により広島市周辺で集中豪雨が発生。各所で土石流、がけ崩れが起きた。
2018年 7月5日～8日	大雨	138	全域	梅雨前線の停滞により数日にわたって大雨が降った。1242か所もの土石流やがけ崩れが発生。

複合災害の恐ろしさ

1945年の枕崎台風

大地震のあとに台風に襲われたり、火山噴火のあとに大雨が降ったりするなど、異なる災害が重なって起こることを「複合災害」と呼んでいます。複合災害は、ひとつの災害のあとに別の災害が重なるので、被害が何倍にもなります。1945（昭和20）年9月に広島を襲った枕崎台風は、「戦争」と「史上最大級の台風」という2つの要因が重なり、2000人以上の犠牲者を出す大災害となりました。

9月17日に鹿児島県枕崎市に上陸した台風は、最低気圧916.1hPaを記録しました。これは台風上陸時の気圧として、1934年の室戸台風の次に低い気圧です。台風は北上して広島県付近を通過し、その影響で、呉市では土石流によって1000人以上が犠牲になり、また大野町では原子爆弾の被災者が収容されていた大野陸軍病院が土石流に襲われました[135]。

呉市は戦争中に軍港があり、山地に住宅をつくったり、樹木を伐採したりするなど、土砂災害の起こりやすい状況になっていました。また広島市では、原子爆弾によって市街地の通信施設が破壊されていたため、気象台は台風の接近を住民に伝えることもできず、ほとんどの住民にとって不意打ちの災害になりました。

土石流に襲われた大野陸軍病院（出典：広島県「地域の砂防情報アーカイブ」[136]）

山口県

DATA	
県の木／県の花	▸アカマツ／夏みかんの花
県庁所在地	▸山口市
面積	▸6113 km^2（23位）
人口	▸138万人（27位）[11]
主な日本一	▸アマダイの漁獲量[28] ▸従業員1人あたりの製造品出荷額[11]

山口県の歴史を調べてみると、1942（昭和17）年の周防灘（すおうなだ）台風、1945（昭和20）年の枕崎台風、1951（昭和26）年のルース台風など、一度に数百人が犠牲になる大災害が過去に何回も起こっています。これは高潮が起こりやすい地形であることや、平地が少なく川の流れが急で、土石流が起こりやすいことが関係しています。また大雪によって被害が出ることがあり、1963（昭和38）年のサンパチ豪雪では積雪による家屋の倒壊なども起こっています。

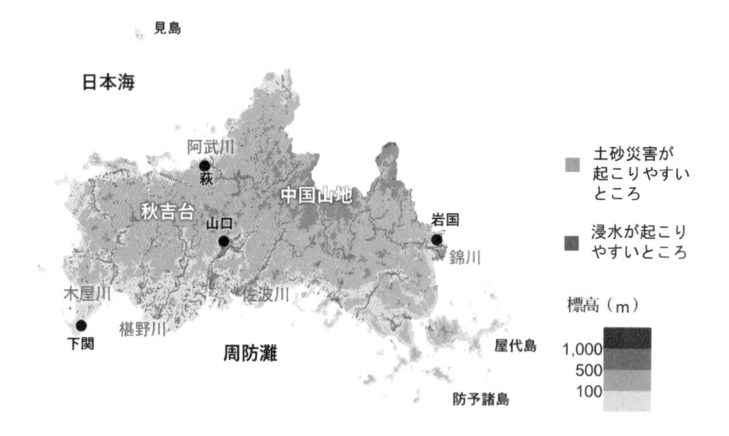

主な地点の気温と降水量

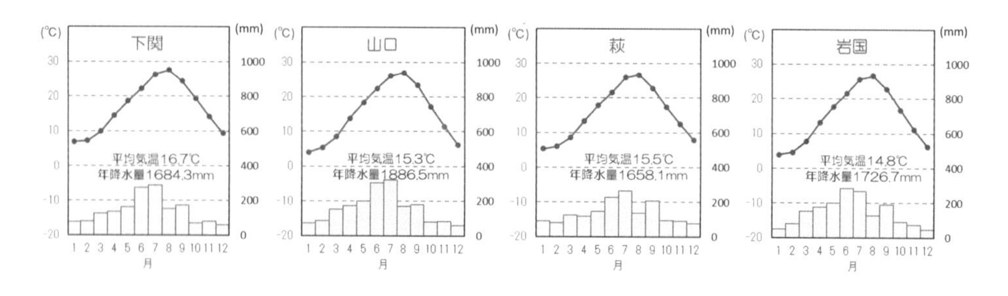

日最高気温(8月の平均)と日最低気温(1月の平均)

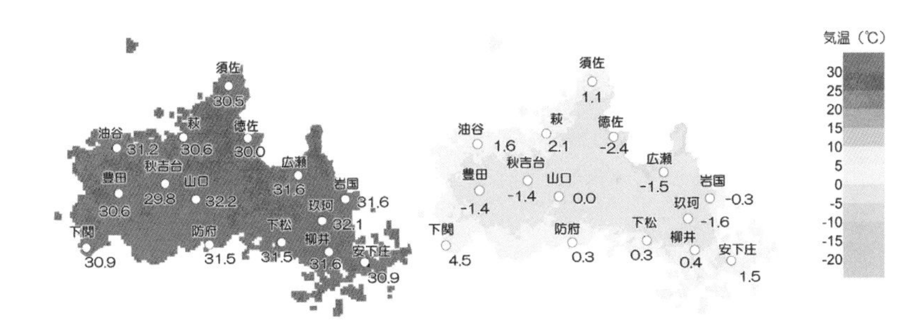

季節ごとの降水量の平年値

8月の最高気温は山口市周辺でもっとも高く(32.2℃)、1月の最低気温は徳佐周辺でもっとも低くなります(-2.4℃)。降水量は夏(6〜8月)に多く、冬(12〜2月)には少なくなります。

気象災害の歴史

1942（昭和17）年の周防灘台風、1945（昭和20）年の枕崎台風、1951（昭和26）年のルース台風など、強い台風により大きな被害を受けたほか、2009（平成21）年の土石流災害など、梅雨前線による大雨でも深刻な被害が出ています。また山口宇部空港が浸水した1999（平成11）年の災害は、高潮災害の恐ろしさを再認識させました。

年月日	災害種別	死者・ 行方不明者数	被災地	概要
PICK UP 1942年 8月27日～28日	暴風雨 高潮	794	全域	周防灘台風。台風が山口県の西海上を北上。周防灘の高潮、厚東川の氾濫により大きな被害となった。
1945年 9月16日～18日	暴風雨	701	全域	枕崎台風。猛烈な台風が広島県を通過。岩国市や大津郡では島田川が氾濫し、大きな被害を受けた。
1951年 10月14日～15日	暴風雨	405	全域	ルース台風。強い台風が山口県を通過し、土砂災害や洪水が発生した。とくに錦川上流で被害が大きかった。
1972年 7月9日～13日	大雨	17	全域	梅雨前線に伴う大雨。河川の氾濫による浸水被害が多発し、県北西部を中心に52市町村に被害が出た。
1999年 9月21日～25日	暴風雨 高潮	3	全域	強い台風が宇部市付近に上陸、高潮が発生。山口宇部空港ではターミナルビルが1.2m浸水した。
2004年 9月6日～7日	暴風雨	26	全域	非常に強い台風が山口県を通過。強風による被害が出たほか、インドネシア船籍の貨物船が転覆した。
2009年 7月19日～26日	大雨	22	防府市 山口市 ほか	梅雨前線に伴う大雨。防府市では土石流が老人ホームを直撃するなど大きな被害が出た。

高潮の起こりやすい周防灘

1942年の周防灘台風

高潮とは、台風が近づいてきたときに海面が高くなる現象です。海面が高くなる理由は、台風の気圧が低いために海面が吸い上げられることや、強風によって海水が吹き寄せられるためです。下の図は1999（平成11）年の台風第18号によって高潮が起こったときの海面の高さです。九州と四国にはさまれた海に強風が吹き、海水が吹き寄せられて、山口県の長府、宇部、徳山などでは200cm（2m）以上も海面が高くなっています。このときは台風の接近が満潮と重なったため、山口宇部空港が浸水するなど、高潮によって大きな被害が出ました。

1942（昭和17）年の周防灘台風では、22時ごろに高潮が起こったため、人々は真っ暗ななかを押し寄せた海水から逃げまどいました。逃げ遅れた人が次々と海水に飲みこまれてしまい、山口県内だけで700人以上が犠牲になりました[138]。

このような災害が二度と起こらないよう、海岸に堤防をつくって備えていますが、高潮によって堤防が壊れてしまうこともあるので、海岸や川の近くに住んでいる人は、早めに避難することが大切です。

1999（平成11）年の台風第18号に伴う海面の高さ（平常時の値からのずれ。単位はcm）。台風による強い風が南から吹き込み、海水が吹き寄せられて海面が高くなる（データは光永ほか（2003）[139]を参考にした）。

徳島県

DATA

県の木／県の花	▸やまもも／スダチの花
県庁所在地	▸徳島市
面積	▸4147 km²（36位）
人口	▸74万人（44位）[11]
主な日本一	▸スダチの出荷量[18] ▸3～5歳人口あたりの幼稚園数[11]

徳島県には「断層破砕帯」と呼ばれる、壊れやすい地層が分布していて、大きな地すべりが起こりやすい県です。また台風の通り道でもあり、大雨で地すべりが起こることがあります。たとえば1892（明治25）年には、台風による大雨によって高磯山（那賀町）で山崩れが起こったという記録が残っています。一方、県を東西に流れる吉野川は、上流が高知県にあり、高知県に降った大雨が原因で水害が起こることがあります。

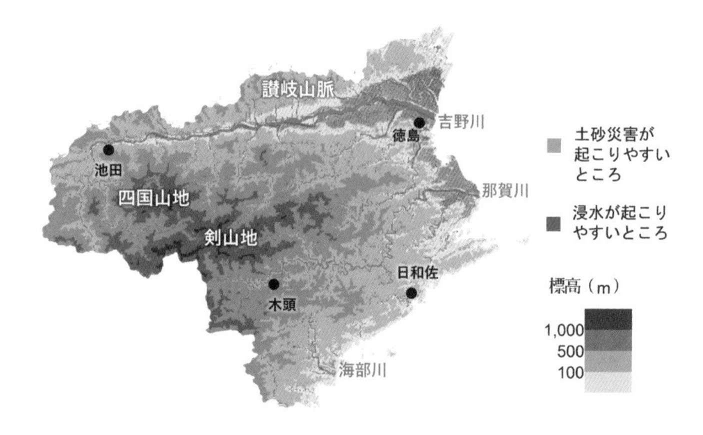

主な地点の気温と降水量

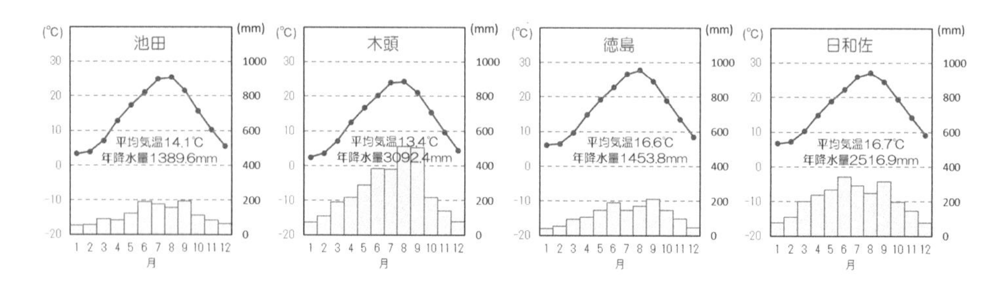

日最高気温（8月の平均）と日最低気温（1月の平均）

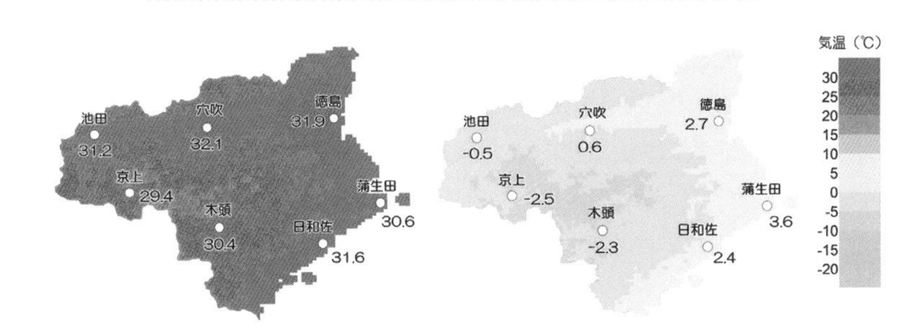

季節ごとの降水量の平年値

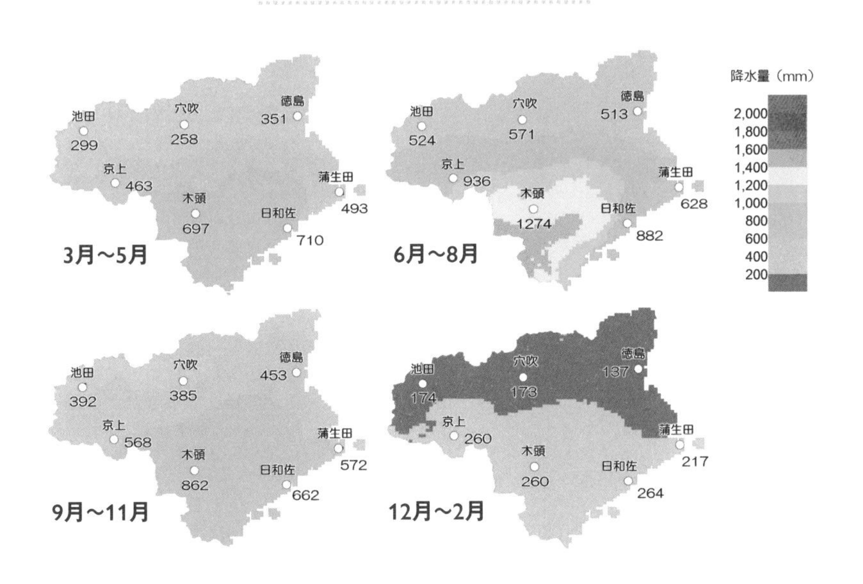

8月の最高気温は穴吹周辺でもっとも高く（32.1℃）、1月の最低気温は京上周辺でもっとも低くなります（-2.5℃）。降水量は夏（6～8月）に多く、とくに県南部では非常に多くの降水が観測されます。冬（12～2月）は降水量が少なくなります。

気象災害の歴史

徳島県の過去の気象災害は、台風によるものがほとんどです。1912（大正元）年の台風や、1934（昭和9）年の室戸台風は、ともに徳島県をかすめるように通過したため、高潮や洪水などで大きな被害を受けました。また下の表には書かれていませんが、まれに大雪になることがあり、2014（平成26）年12月には県西部で大雪のため多数の車が立ち往生したり、集落が孤立したりするなどの被害が出ています。

年月日	災害種別	死者・行方不明者数	被災地	概要
PICK UP 1892年 7月23日～25日	暴風雨 高潮	311	全域	台風が高知市付近に上陸し山陰に抜けた。暴風雨や高潮被害のほか、木頭村の高磯山で大規模な山崩れが発生した。
1912年 9月21日～23日	暴風雨 高潮	95	全域	台風が徳島県の海岸付近を通過、吉野川が氾濫したほか、海岸で高潮に見舞われた。
1934年 9月18日～21日	暴風雨 高潮	39	全域	室戸台風。室戸岬に上陸した猛烈な台風が徳島県を通過、高潮被害や強風による建物の倒壊が起こった。
1945年 9月16日～19日	暴風雨	47	全域	枕崎台風。猛烈な台風が九州から山陰にぬけた。戦争による空襲後につくられた仮小屋はほとんど吹き飛び、吉野川では記録的な洪水となった。
1950年 9月1日～3日	暴風雨	38	全域	ジェーン台風。強い台風が徳島県東部を通過、鮎喰川、桑野川が氾濫した。
1958年 1月26日	強風	167	徳島沖	徳島県と和歌山県をつなぐ定期船「南海丸」が低気圧による強風で沈没、乗客・乗員が遭難した。
1975年 8月21日～23日	暴風雨	16	全域	台風が徳島県東岸を通過。木屋平村、一宇村でがけ崩れによって大きな被害が出た。

“人が走って伝えた土石流の危険”

1892年、高磯山の山崩れ

近年のテクノロジー（技術）の進歩には素晴らしいものがあります。たとえば、携帯電話を持っていれば、自分の見聞きしたことをどこからでも伝えることができます。しかし、ひとたび災害が起こって基地局が被災すると、携帯電話はまったく使えなくなります。ですから、テクノロジーに頼らずに情報を伝える方法を考えておくことも必要です。

1892（明治25）年7月23日から25日にかけて、徳島県地方に大雨が降りました。その影響で、高磯山（那賀郡那賀町）が、高さ700m、幅500mにわたってくずれました。くずれた土砂が近くを流れる那賀川に入り、せき止め湖が形成されました。

せき止め湖はやがて崩れて、下流の集落を土石流が襲うことになります。ですから、下流の人たちにそのことを伝えて、早めに避難してもらわなくてはいけません。当時はまだ電話や電報のない時代でした。そこで活躍したのが「飛脚」です[142]。飛脚とは、明治以前のまだ郵便がなかった時代に、距離を走って情報を伝えた人たちのことです。下流の人たちは飛脚からの情報を聞いて土石流に備えました。7月27日午後、ついにせき止め湖が決壊し、土石流が下流を襲いましたが、死者は3名にとどまったとのことです。

徳島県を流れる那賀川と、高磯山の山崩れが起こった場所（国土地理院「地理院地図」に加筆）

香川県

DATA

県の木／県の花	‣ オリーブ／オリーブ
県庁所在地	‣ 高松市
面積	‣ 1877 km² (47位)
人口	‣ 97万人 (39位)[11]
主な日本一	‣ オリーブの生産量[143] ‣ 人口あたりのクリーニング所数[11]

香川県は瀬戸内式気候に属しており、一年を通じて降水量が少なく、温暖な気候です。大雨の回数はそれほど多くないのですが、高知県に上陸した台風が香川県付近を通過することがあり、それによって被害が起こることがあります。311人の犠牲者を出した1899（明治32）年の災害をはじめ、1974（昭和49）年および1976（昭和51）年の小豆島の災害など、いずれも台風が原因となったものです。

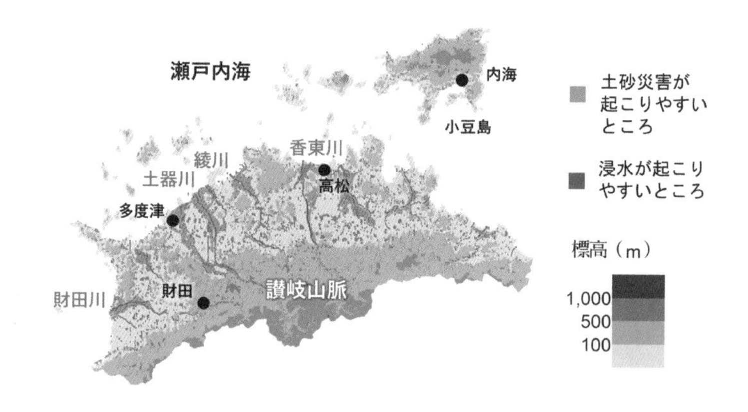

主な地点の気温と降水量

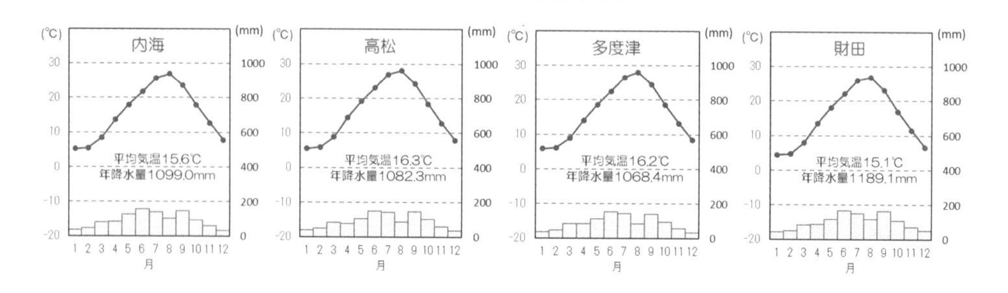

日最高気温(8月の平均)と日最低気温(1月の平均)

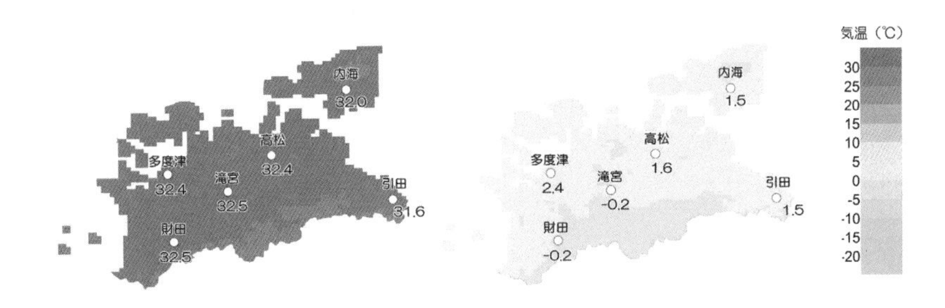

季節ごとの降水量の平年値

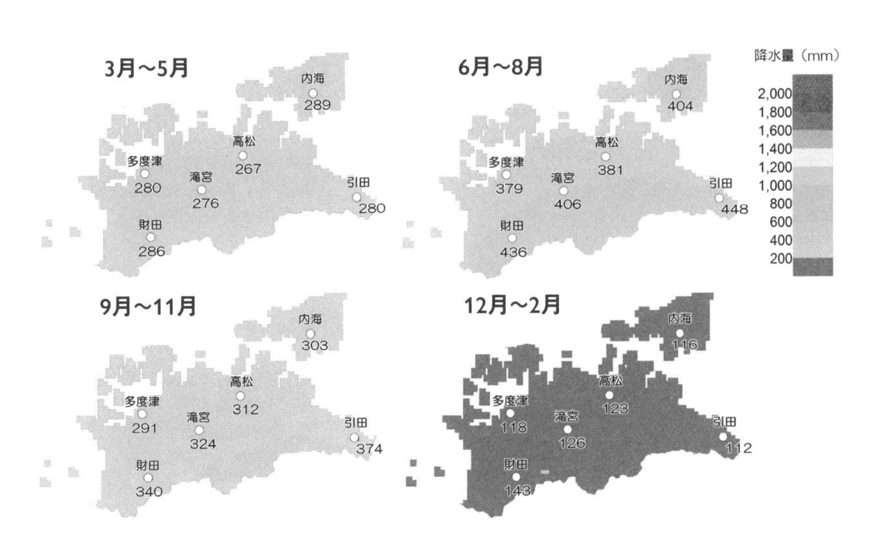

8月の最高気温は財田や滝宮周辺でもっとも高く(32.5℃)、1月の最低気温は讃岐山脈でもっとも低くなります(滝宮観測所で-0.2℃)。降水量は夏(6~8月)にやや多く、冬(12~2月)には非常に少なくなります。

香川県の

気象災害の歴史

香川県の過去の気象災害の多くは、台風によってもたらされています。1899(明治32)年の大災害は主に強風によるものですが、1974(昭和49)年、1976(昭和51)年の災害は主に土砂災害によるもので、とくに小豆島が大きな被害を受けています。

年月日	災害種別	死者・行方不明者数	被災地	概要
1899年7月8日	暴風雨	311	全域	台風が香川県を通過した。風速52m/sに達し、県内で家屋1万4320軒が倒壊した。
1918年8月29日～30日	暴風雨	26	全域	台風が四国の東方を通過した。陸上では家屋の倒壊または破損、浸水被害がおびただしく、なかでも小豆郡南部で被害が大きかった。
1918年9月14日	暴風雨	21	全域	台風が紀伊半島に上陸、大雨が降った。新川、郷東川、綾川、土器川などが氾濫した。
1934年9月21日	暴風雨	19	全域	室戸台風。香川県内では全壊家屋938軒、浸水家屋3315軒の被害が出た。
1938年9月5日	暴風雨	19	全域	台風が四国に上陸。香川県東部では雨量が多く、河川の氾濫、橋の流失などの被害が出た。
1974年7月6日～8日	暴風雨	29	小豆島ほか	台風と梅雨前線による大雨。小豆島の内海町では土石流が発生し、住宅が押し流されるなど大きな被害を受けた。
PICK UP 1976年9月8日～14日	暴風雨	50	全域	台風が九州南西海上で停滞、小豆島で記録的な大雨となり、土砂災害で多数の犠牲者が出た。
2004年10月20日	暴風雨	11	全域	大型で強い台風が高知県に上陸。香川県の東部を中心に土砂災害、浸水被害が発生した。

“3日間で1年分の雨が降った”

1976年、小豆島の災害

小豆島は香川県東部にある、海と山の自然が美しい島です。面積は95.6km^2、人口は約1万4000人で、オリーブ、しょう油、つくだ煮などの生産で有名です。また映画『二十四の瞳』の舞台となったことで、観光地にもなっています。気候は瀬戸内式気候で、年間を通して温暖で降水量の少ない地域です。

1976（昭和51）年9月10日から12日にかけて、小豆島で大雨が降り続き、内海町（現在の小豆島町）ではこの3日間の降水量が1217mmにもなりました。小豆島町の年降水量は1099mmですから、たった3日間で1年分以上の雨が降ったことになります。

その結果、約1000か所でがけ崩れが起こり、崩れた土砂が島の中央から海に向かって土石流として流れ出しました。池田町（現在の小豆島町）谷尻では9月11日夜11時半ごろに土石流が発生し、「ドカーンという音とともにあっという間に十数軒の家がふっとんだ」[147]といいます。この大雨で、小豆島だけで39人が犠牲になりました。

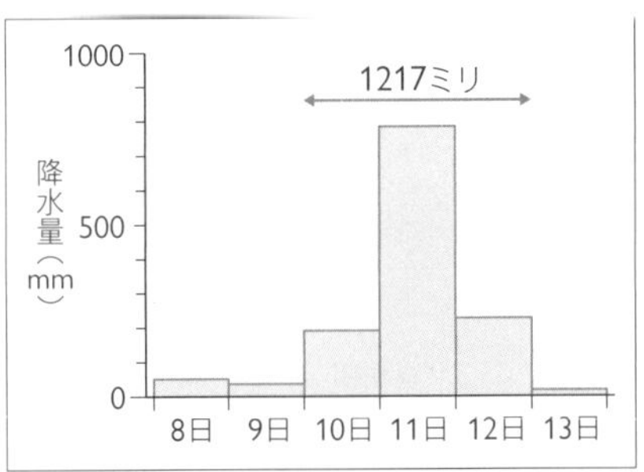

（上）小豆島・内海町で観測された1976年9月8日～13日の日降水量。9月10日からの3日間で1217mmを記録した。（下）土石流で流される家屋（毎日新聞社/アフロ）。

愛媛県

DATA	
県の木／県の花	▸マツ／ミカンの花
県庁所在地	▸松山市
面積	▸5676 km²（26位）
人口	▸136万人（28位）[11]
主な日本一	▸イヨカンの出荷量[143] ▸養殖マダイの収穫量[28]

愛媛県といえばミカンの産地として有名です。温州ミカンの出荷量は和歌山県に次いで全国2位、イヨカンやポンカンは全国1位の出荷量です。ミカンの栽培に適した温暖な気候ですが、台風の通り道になっていることや、山地が多く起伏の多い地形であることで、しばしば大雨が降って土砂災害や水害が起きます。また海に面した地域では強風が吹きやすく、1964（昭和39）年9月25日に宇和島で記録された最大瞬間風速72.3m/sは、日本全国で歴代7位の記録となっています。

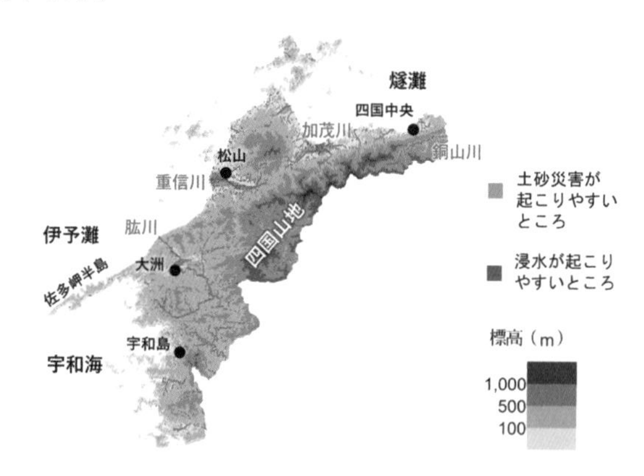

主な地点の気温と降水量

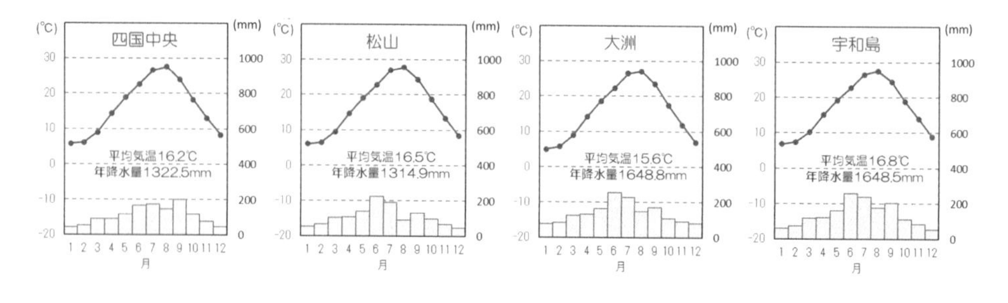

日最高気温（8月の平均）と日最低気温（1月の平均）

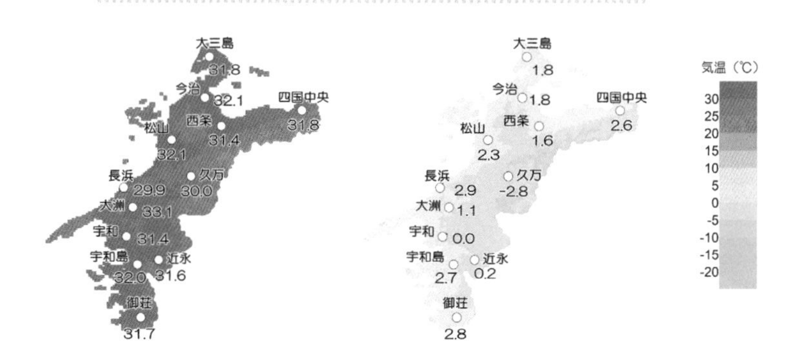

季節ごとの降水量の平年値

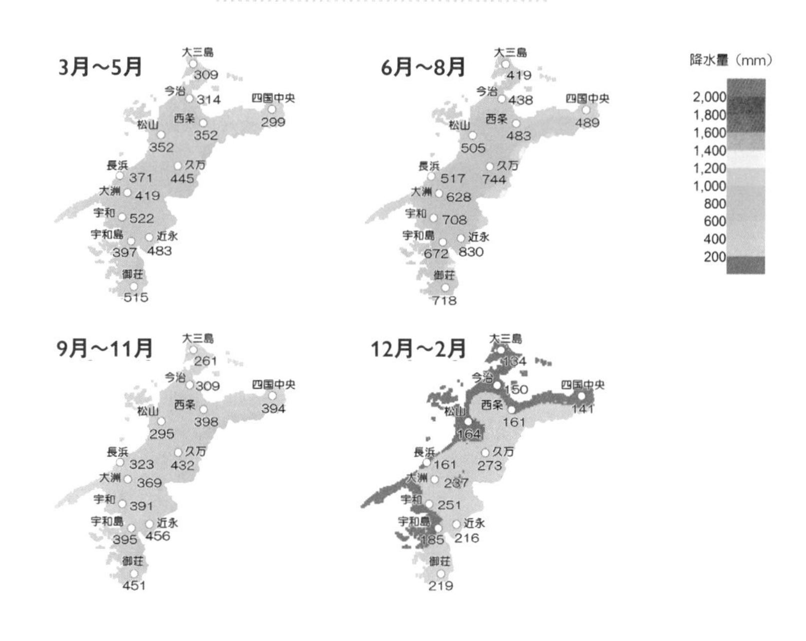

8月の最高気温は大洲周辺でもっとも高く（33.1℃）、1月の最低気温は四国山地でもっとも低くなります（久万観測所で-2.8℃）。降水量は夏（6～8月）に多く、とくに南東部の山地で多く降ります。冬（12～2月）の降水量はあまり多くありません。

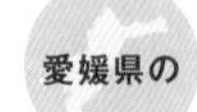

愛媛県の
気象災害の歴史

愛媛県は起伏に富んだ地形をもち、また多くの漁港があるため、過去には台風に伴う暴風雨による土砂災害、川の氾濫、漁船の転覆などの被害を受けてきました。とくに大きな災害としては、別子銅山が壊滅的な被害を受けた1899（明治32）年の台風や、漁船1000隻以上が転覆した1949（昭和24）年のデラ台風などがあります。

年月日	災害種別	死者・行方不明者数	被災地	概要
PICK UP 1899年 8月28日	暴風雨	662	全域	台風が足摺岬に上陸し、愛媛県に大雨が降った。別子銅山で大規模な土石流が発生し、500人以上の犠牲者が出た。
1941年 10月1日	暴風雨	76	全域	九州南部に上陸した台風が衰えながら通過した。海上は暴風となり大災害となった。
1943年 7月21日～24日	暴風雨	134	全域	台風が愛媛県を北上し、記録的な大雨となった。肱川が氾濫し、大洲平野が泥海となった。
1945年 9月16日～17日	暴風雨	182	全域	枕崎台風。猛烈な台風が愛媛県北西部を通過、家屋の全半壊が1万7898軒におよんだ。
1949年 6月18日～21日	暴風雨	234	全域	デラ台風。台風が九州を縦断、愛媛県内では漁船1000隻以上が遭難、とくに日振島では漁民100人以上が犠牲となった。
1951年 10月12日～14日	暴風雨	44	全域	ルース台風。東予では水害、南予では強風による被害が多かった。
2004年 9月28日～30日	暴風雨	14	全域	台風が四国を縦断、愛媛県では新居浜市、西条市、四国中央市、小松町などで土砂災害や水害による被害が発生した。
2018年 7月5日～7日	大雨	31	全域	梅雨前線に伴う大雨。肱川が氾濫したほか、松山市や宇和島市などで土砂災害が起こった。

“被災者の心を明るくともした火”

1899年、別子銅山の土石流

1690（元禄3）年、現在の愛媛県新居浜市にある別子山で銅の鉱脈が発見されました。その後、別子銅山は日本有数の銅山として、明治時代の日本の経済発展を支えました。

そこへ突然の天災がやってきました。1899（明治32）年、発達した台風が愛媛県を直撃し、別子銅山で土石流が発生したのです。土石流は銅山の近くで暮らしていたたくさんの人を飲み込んだだけでなく、大溶鉱炉をも破壊してしまいました。

このようなひどい災害のさなか、医師がともした火が人の心を明るくしたという話が伝わっています[150]。当時、別子山村で医師をしていた高原清二郎氏は、災害の直後、自分の勤務する病院に駆けつけました。そこにはすぐにたくさんの人が避難していて、真っ暗な中でふるえていました。かわいそうだと思った高原医師は、使い古した包帯に火をともしました。不安に打ちひしがれていた人々の顔がパッと明るくなるとともに、ともした火は避難してくる人の道しるべにもなったといわれています。

別子銅山の跡地。現在は産業遺産として観光地になっている（mutsu/PIXTA）。

高知県

DATA	
県の木／県の花	▸ヤナセスギ／ヤマモモ
県庁所在地	▸高知市
面積	▸7104 km^2（18位）
人口	▸71万人（45位）[11]
主な日本一	▸ナスの出荷量[12] ▸森林面積の割合[11]

高知県は、森林が占める面積が83.3%で、日本で一番、森林面積の割合が多い県です。それだけ山がちであり、河川の流れも急で、氾濫や土砂災害が起こりやすい県でもあります。また太平洋から台風がしばしば上陸し、そのたびに大雨が降ります。明治時代から昭和初期には大規模な気象災害が何度か起こりましたが、河川の改修や海岸堤防の整備によって被害が少なくなってきています。

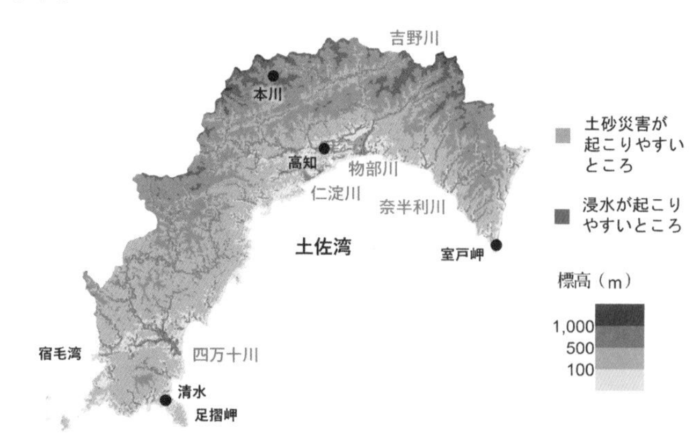

主な地点の気温と降水量

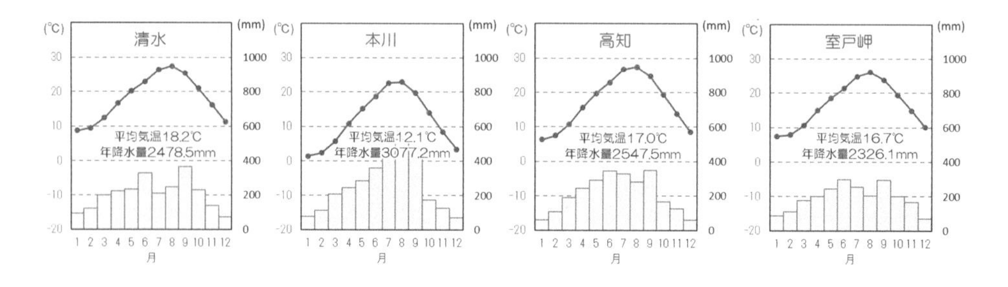

日最高気温（8月の平均）と日最低気温（1月の平均）

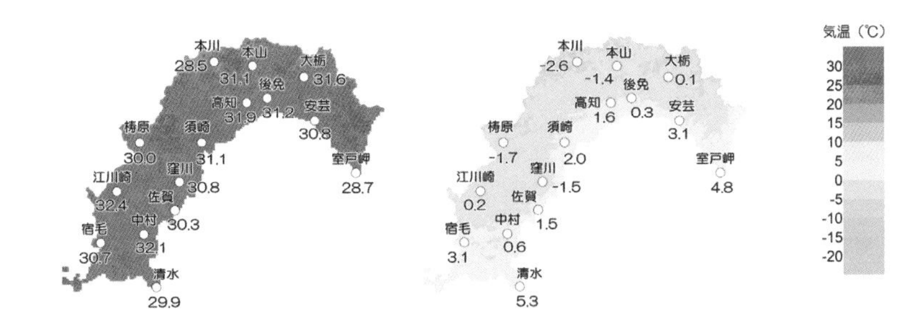

季節ごとの降水量の平年値

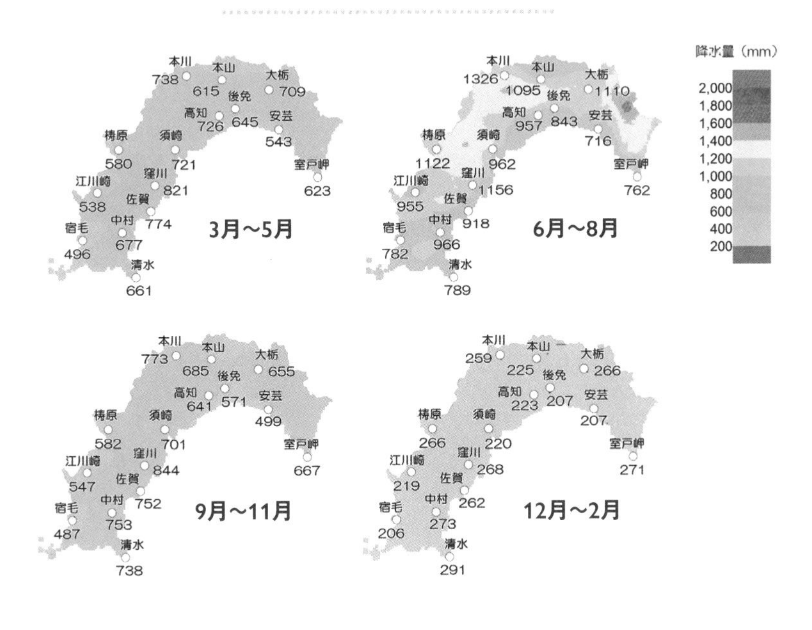

8月の最高気温は江川崎周辺でもっとも高く（32.4℃）、1月の最低気温は本川周辺でもっとも低くなります（-2.6℃）。降水量は夏（6～8月）にとくに山地で多く、冬（12～2月）には少なくなります。

高知県の 気象災害の歴史

高知県は台風の上陸数が多く、山地によって降水が強められるため、過去に何度か大災害を経験してきました。比較的最近では、大規模な山崩れが起こった1972（昭和47）年7月の繁藤災害や、高潮による浸水が起こった2004（平成16）年10月の台風第23号災害で大きな被害が記録されています。

年月日	災害種別	死者・行方不明者数	被災地	概要
1890年9月11日	暴風雨	216	全域	台風が九州と四国を横断。がけ崩れ、河川の氾濫などで高知県内に大きな被害があった。
1899年8月28日	暴風雨	104	全域	台風により、高知城天守閣のシャチが飛ぶなど風の被害が著しく、家屋倒壊が7469軒に及んだ。
1920年8月15日	暴風雨	186	全域	台風が足摺岬に上陸。山地では1000mmを超える大雨となり、浸水により犠牲者が出た。
1934年9月21日	暴風雨 高潮	122	安芸郡ほか	室戸台風。猛烈な台風が室戸岬に上陸。室戸港では高潮が発生、安芸郡で大きな被害が出た。
1963年8月9日～10日	暴風雨	19	全域	台風が大分県に上陸。移動が遅かったために高知県内が大雨となり、渡川などが氾濫した。
PICK UP 1972年7月4日～6日	大雨	61	県東部	前線を伴った低気圧に湿った空気が流れ込んで西日本各地で大雨となった。土佐山田町繁藤では大規模ながけ崩れが起こった。
1975年8月16日～18日	暴風雨	77	全域	台風が宿毛市付近に上陸し、山間部を中心に豪雨となった。仁淀川、鏡川が氾濫し、がけ崩れや土石流も続発した。
2004年10月18日～20日	暴風雨 高潮	8	全域	台風が土佐清水から室戸岬を通過。室戸岬町の菜生海岸では堤防が30mにわたって倒壊するなどの被害があった。

消防団が災害に巻き込まれた

1972年7月の繁藤災害

災害救助を行なっている人が災害に巻き込まれてしまうことを「二次災害」と呼んでいます。1972（昭和47）年7月に高知県の繁藤（しげとう）で起こった災害は、最悪の二次災害として歴史に残っています。

1972年7月5日午前7時前、土佐山田町（現在の香美市）繁藤付近でがけ崩れが起こり、警戒中だった消防団員Aさんが生き埋めとなりました。Aさんを救出するために、たくさんの人が作業をしていたさなか、今度は10時55分に雷が落ちたような音とともに山崩れが起こり、救助活動をしていた人だけでなく、民家や列車の車両をも土砂が飲みこんでしまい、60人もの方が犠牲になりました[153]。

救助活動中の人が災害に巻き込まれてしまうことは、最近の災害でもしばしば起こっています。雨がやんだ後にがけ崩れが起こることがあり、救助活動は十分に気をつけて行なうことが重要です。

土佐山田町繁藤で発生した山崩れ。60人が犠牲となった（毎日新聞社/アフロ）。

福岡県

DATA

県の木／県の花	▸ウメ／ツツジ
県庁所在地	▸福岡市
面積	▸4987 km²（29位）
人口	▸511万人（9位）[11]
主な日本一	▸タケノコの生産量[37] ▸人口あたりの常設映画館数[11]

福岡県は日本海に面していますが、冬の降水量はあまり多くなく、むしろ梅雨や台風による夏の降水量が非常に多い県です。梅雨前線に伴う大雨では、300人近くが犠牲になった1953（昭和28）年6月の北九州大水害が記録に残っています。また1942（昭和17）年の周防灘台風では、玄海灘や有明海で高潮災害が起こっています。

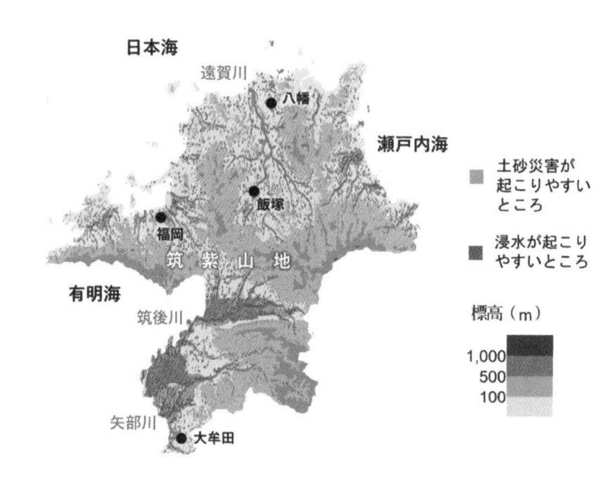

主な地点の気温と降水量

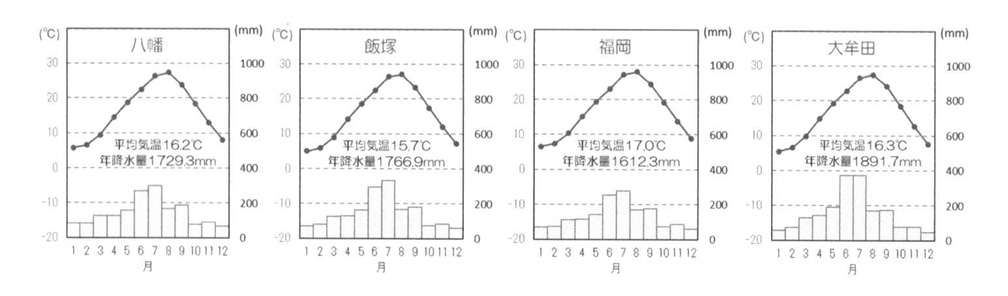

日最高気温（8月の平均）と日最低気温（1月の平均）

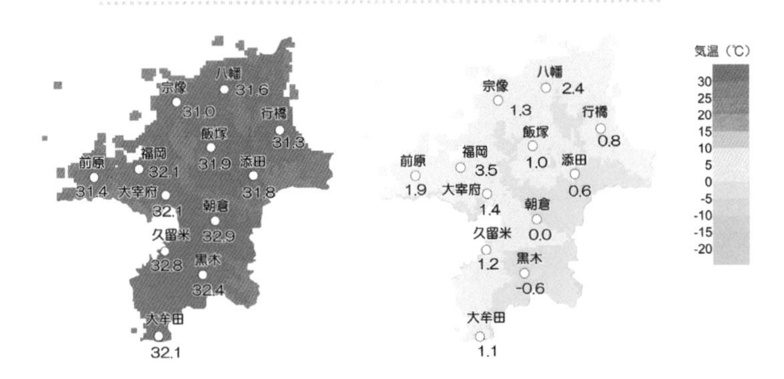

季節ごとの降水量の平年値

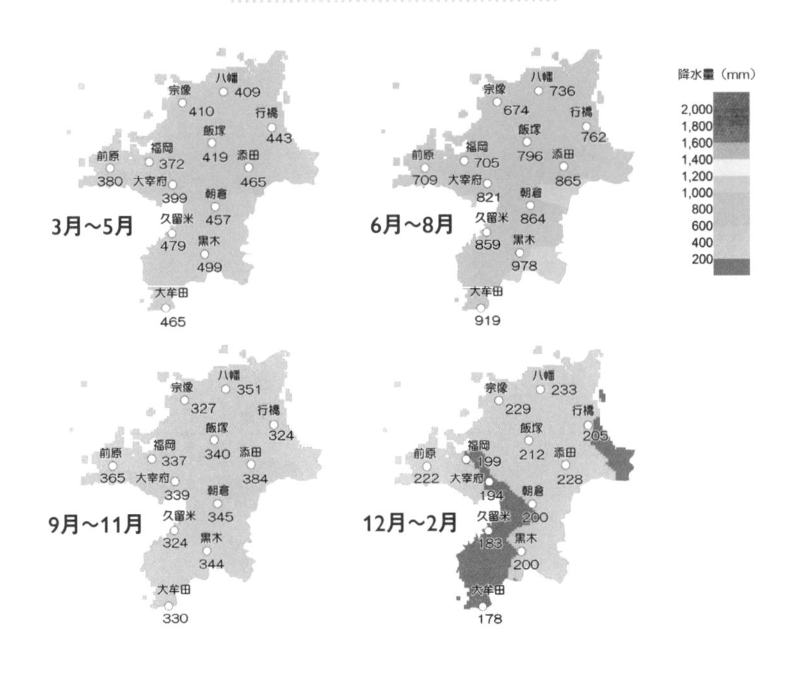

8月の最高気温は朝倉周辺でもっとも高く（32.9℃）、1月の最低気温は黒木周辺でもっとも低くなります（-0.6℃）。降水量は夏（6〜8月）に多く、冬（12〜2月）には少なくなります。

福岡県の

気象災害の歴史

梅雨前線に伴う大雨と、台風に伴う暴風雨の両方の被害が記録されています。1953（昭和28）年6月の大雨では、死者が295人に達しています。最近では、2017（平成29）年7月の豪雨によって37人の犠牲者が出ています。

年月日	災害種別	死者・行方不明者数	被災地	概要
1914年 6月15日～25日	大雨	64	全域	11日間にわたって県全域に大雨が降り、筑後川、矢部川が氾濫した。
1930年 7月16日～20日	暴風雨	80	全域	台風により、住宅2000軒以上が全壊した。
1941年 6月25日～29日	大雨	55	県北部	梅雨前線に伴う大雨により、遠賀川・那珂川流域と豊前地区で大水害となった。
1942年 8月25日～28日	暴風雨 高潮	47	全域	周防灘台風。暴風雨による被害のほか、周防灘、玄海灘、博多湾、有明海の沿岸で高潮が発生した。
1945年 9月15日～19日	暴風雨	87	全域	枕崎台風。猛烈な台風が九州を通過。716軒が全壊した。
PICK UP 1953年 6月25日～29日	大雨	295	県北部	北九州大水害。梅雨前線に伴う大雨により、筑後川や遠賀川が氾濫したほか、門司市や八幡市でがけ崩れが発生した。
1959年 7月13日～16日	大雨	25	全域	梅雨前線に伴う大雨。宗像郡大島村でがけ崩れが発生したほか、県内で浸水や土砂災害が発生した。
1973年 7月30日～31日	大雨	28	県北西部	低気圧に伴う集中豪雨。太宰府町、篠栗町などで土石流により大きな被害が出た。
2017年 7月5日～13日	大雨	37	朝倉市 ほか	平成29年7月九州北部豪雨。梅雨前線に伴う集中豪雨により、河川の氾濫、がけ崩れ、土石流が発生。とくに朝倉市では大きな被害となった。

河川のスピード化が招いた災害

1953年の北九州大水害

日本を流れるほとんどの川は、洪水が起こりにくいように改修が行なわれています。たとえば筑後川では、昭和初期に、もともと湾曲していた川をまっすぐにする工事が行なわれました。このような改修によって、河川の氾濫が起こりにくくなった一方で、川の流れが速まり、氾濫した場合には逆に大水害となってしまう危険性もありました。その心配が現実となったのが1953（昭和28）年の北九州大水害です。

1953年6月25日から29日にかけて、九州北部を中心に記録的な大雨が降りました。筑後川は広い範囲で氾濫し、流域だけで死者147人、被災者54万人にもおよぶ大災害となってしまいました。その原因として、河川改修によって水流がスピード化し、被害の大規模化を招いてしまったことが指摘されています[156]。

このような災害を経て、現在は「総合治水」の考え方が取り入れられています。総合治水とは、川から海に「流す」だけでなく、水田やため池に雨水を「ためる」、さらに洪水が起こった場合に「備える」という3つの取り組みを組み合わせて水害を軽減していくものです。

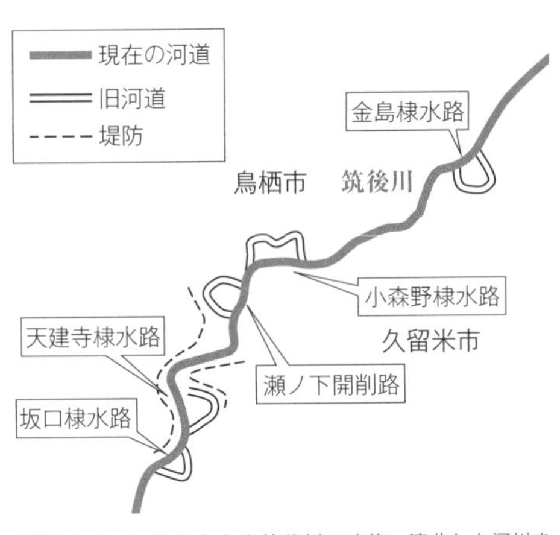

昭和初期までに行なわれた筑後川の改修。湾曲した河川をまっすぐにし、周囲に堤防が築かれた[157]。

佐賀県

DATA

県の木／県の花	‣クス／クスの花
県庁所在地	‣佐賀市
面積	‣2441 km² (42位)
人口	‣82万人 (41位)[11]
主な日本一	‣板海苔の収穫量[28] ‣高卒者に占める就職者の割合[11]

佐賀県の筑紫平野には吉野ヶ里遺跡があり、そこでは弥生時代（紀元前5世紀〜紀元3世紀）に稲作が行なわれていた跡があります。このことは、佐賀県は昔から肥沃な土地に恵まれ、気候も温暖であったことを示しています。ただし裏を返すと、絶えず河川の氾濫が起こり、上流から土砂が運ばれて堆積した土地であることを示しています。とくに有明海に面したところには、海面よりも低い海抜ゼロメートル地帯が広がり、いったん浸水が起こると排水されにくいという特徴があります。

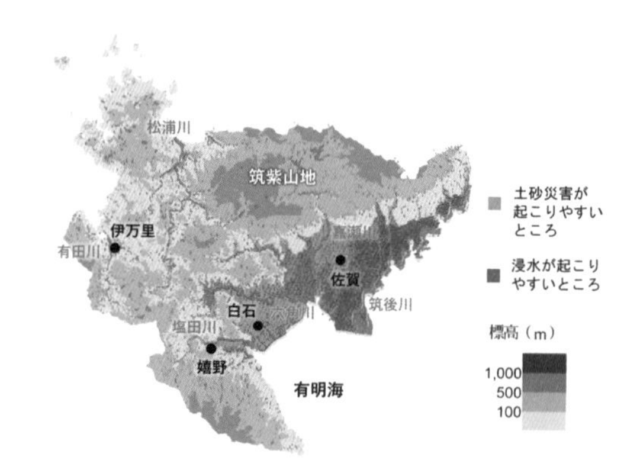

主な地点の気温と降水量

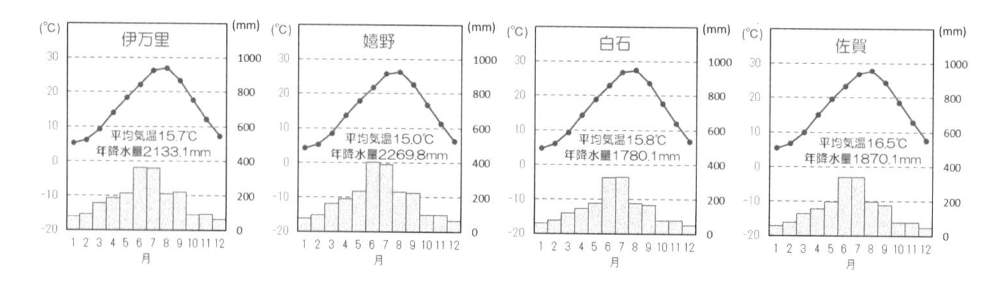

日最高気温（8月の平均）と日最低気温（1月の平均）

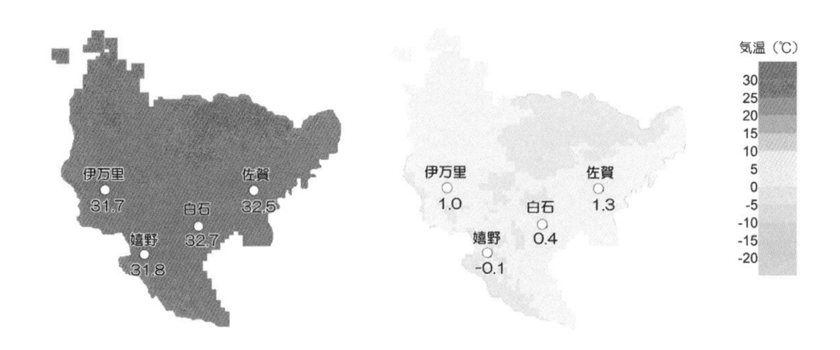

季節ごとの降水量の平年値

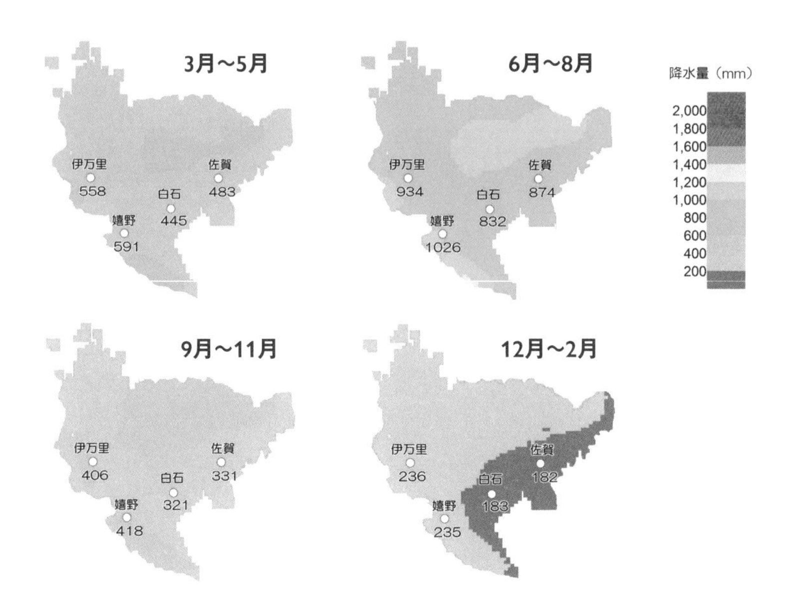

8月の最高気温は白石周辺でもっとも高く（32.7℃）、1月の最低気温は県北部や県南部の山地でもっとも低くなります（嬉野観測所で-0.1℃）。降水量は夏（6～8月）に多く、冬（12～2月）には少なくなります。

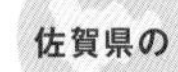

佐賀県の

気象災害の歴史

台風に伴う災害では、洪水や土砂災害のほか、有明海で高潮や船舶の遭難などの被害が記録されています。また梅雨前線に伴う大雨としては、1953（昭和28）年6月の北九州大水害や、1962（昭和37）年7月の豪雨災害などが起こっています。

年月日	災害種別	死者・ 行方不明者数	被災地	概要
1893年 10月11日～14日	暴風雨	64	全域	台風が九州に上陸。暴風により、家屋の倒壊、漁船の転覆などの被害があった。
1914年 8月25日	暴風雨 高潮	16	全域	台風が長崎県付近を通過。高潮により有明海沿岸の堤防が決壊するとともに、六角川、塩田川などの堤防も決壊した。
1945年 9月15日～18日	暴風雨	101	全域	枕崎台風。猛烈な台風が九州を縦断。河川が氾濫し、船舶にも大きな被害が出た。
1949年 8月16日～18日	暴風雨	95	全域	ジュディス台風。台風の動きが平戸島を過ぎるころから遅くなり、記録的な大雨となった。
1953年 6月25日～28日	大雨	62	全域	北九州大水害。梅雨前線による大雨で地すべりや土石流が発生。また筑後川流域では10日以上冠水が続いた。
PICK UP 1962年 7月7日～8日	大雨	62	太良町 ほか	梅雨前線による大雨。雨は太良山地周辺に集中し、太良町大浦地区では土石流により地区の半分が土砂に埋まった。
1963年 6月30日	大雨	15	県北部	梅雨前線による大雨。総降水量は北部山沿いを中心に500mmを超え、多数のがけ崩れが発生した。
2019年 8月26日	大雨	3	県南部	前線に伴う大雨。大雨特別警報が発表され、武雄市・大町町などで浸水による被害が出た。

“災害の記憶を伝える「鹿島おどり」”

1962年7月8日の豪雨災害

1962（昭和37）年7月8日、佐賀県南部に集中豪雨が発生しました。県南部の太良町（たらちょう）では雨量が600mmを超え、土石流が発生して多数の住民が犠牲になりました。また太良町に隣接する鹿島市でも、市内を流れる川が氾濫し、5人が犠牲になりました。

この災害から立ち直り、市民を元気にするために、鹿島市の若者が中心となって新しい祭りが始まりました。それが「鹿島おどり」です[160]。

鹿島おどりは、「ヤッサヤッサ」の掛け声とともに、市民が踊りながら街を練り歩く盛大な祭りです。踊りの参加者が3000人、観光客が1万5000人も集まります。

防災の観点からみると、このような祭りを通して住民同士がお互いをよく知り合うことが重要です。たとえば体の不自由な人の避難を手伝うなど、いざというときの助け合いがスムーズに行なわれるようになります。最近、近所づき合いが少なくなってきた地域が多いですが、鹿島市では祭りを通してお互いの交流を深めています。

鹿島おどり（写真提供：鹿島市観光協会[161]）

長崎県

DATA

県の木／県の花	▸ヒノキ·ツバキ／雲仙ツツジ
県庁所在地	▸長崎市
面積	▸4131 km² (37位)
人口	▸135万人 (29位)[11]
主な日本一	▸アジの漁獲量[28] ▸ビワの収穫量[18]

長崎県は九州の西端に位置していて、江戸時代には貿易の窓口となっていました。西洋人にとっては、長崎県が日本の玄関だったわけです。ただしやってくるのは西洋人だけではなく、西から移動してくる雨雲にとっても、長崎県が玄関になります。とくに梅雨期は、1957（昭和32）年の諫早大水害、1967（昭和42）年の佐世保大水害、1982（昭和57）年の長崎大水害など、しばしば大きな豪雨災害が発生しています。

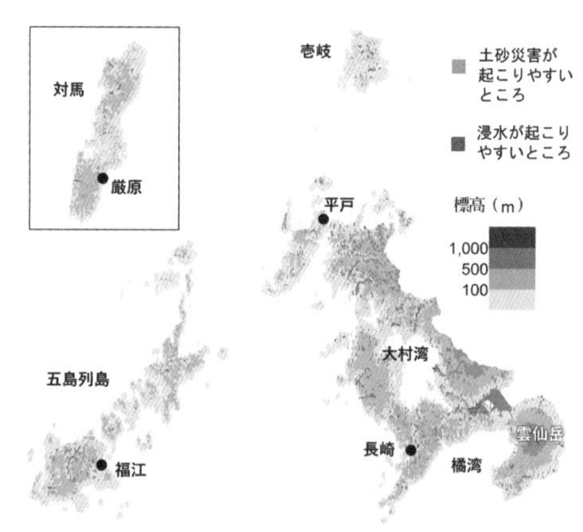

主な地点の気温と降水量

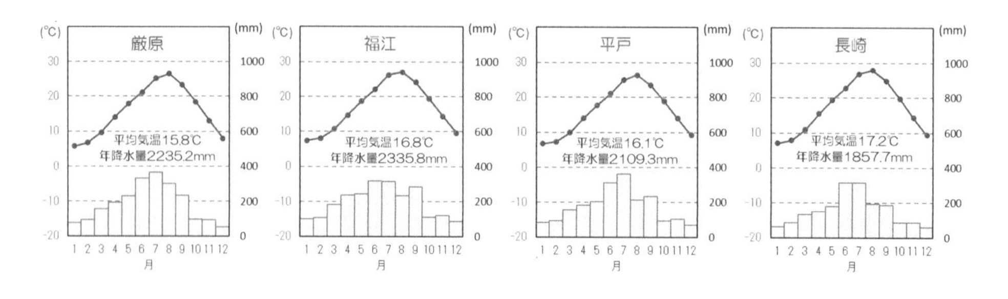

日最高気温（8月の平均）と日最低気温（1月の平均）

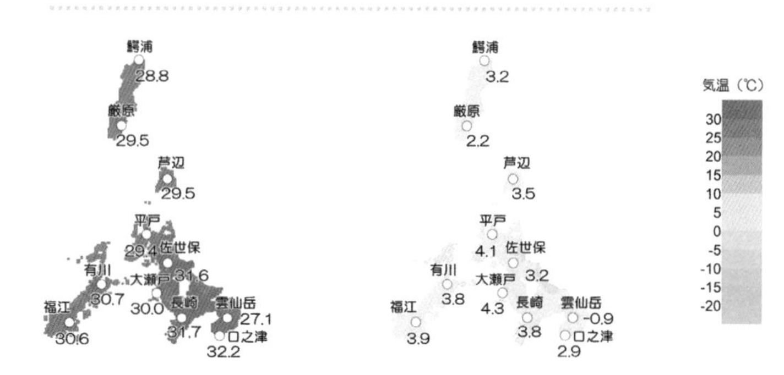

季節ごとの降水量の平年値

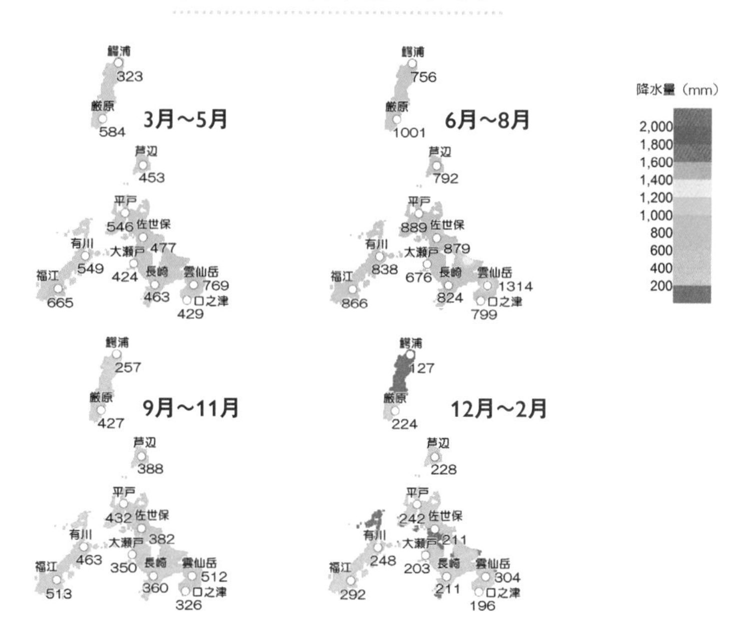

8月の最高気温は口之津周辺でもっとも高く（32.2℃）、1月の最低気温は雲仙岳でもっとも低くなります（-0.9℃）。降水量は夏（6～8月）に多く、冬（12～2月）に少なくなります。

気象災害の歴史

1950（昭和25）年以前は台風による暴風や船舶の遭難が大災害として記録されていますが、その後は1957（昭和32）年の諫早大水害、1967（昭和42）年の佐世保大水害、1982（昭和57）年の長崎大水害など、梅雨前線による豪雨災害が目立ってきています。

年月日	災害種別	死者・行方不明者数	被災地	概要
1905年 8月8日	暴風雨	1200 以上	全域	台風が五島列島の西を通過。男女群島ではサンゴ採取船が遭難、1000人以上が行方不明となり、男島に千人塚が建てられた。
1927年 9月13日	暴風雨	60	全域	台風が長崎市付近を通過。住家浸水1万1154軒に達した。本明川が氾濫し、諫早は泥海となった。
1931年 9月11日	暴風雨	36	全域	台風が九州西方を通過。暴風雨となり、南松浦郡で被害が多かった。
1942年 8月27日	暴風雨	35	全域	猛烈な台風が長崎県を通過。雲仙岳で風速60.9m/sを記録した。
1948年 9月11日〜12日	大雨	118	全域	低気圧に伴う大雨。とくに佐世保市では被害が大きかった。
1953年 6月25日〜29日	大雨	25	県北部	北九州大水害。梅雨前線に伴う大雨により、長崎県内では全壊家屋148軒の被害が出た。
PICK UP 1957年 7月24日〜25日	大雨	782	県南部	諫早大水害。梅雨前線に伴う集中豪雨により、諫早市では本明川をはじめすべての川が氾濫し、市街地は修羅場となった。
1967年 7月7日〜9日	大雨	50	五島地方 佐世保市	佐世保大水害。梅雨前線に伴う大雨により、佐世保市や福江市では、河川の氾濫と土砂災害で大きな被害が出た。
1982年 7月23日	大雨	299	長崎市 周辺	長崎大水害。夕方から降り始めた雨は記録的な大雨になり、長崎市周辺では土石流、がけ崩れ、河川の氾濫により大きな被害が出た。

丈夫な橋が被害を拡大した？

1957年7月の諫早大水害

江戸時代のことです。佐賀藩の使いが諫早にやってくることになり、領主はあわてました。なぜなら、諫早を流れる本明川には橋がかかっておらず、みっともないと思っていたからです。本明川に橋がなかった理由は、橋をかけても、洪水のたびに流されてしまうからでした。そこで丈夫な橋をつくろうということになり、当時としては最新式の二連アーチ橋（眼鏡橋）を完成させました。1839（天保9）年のことです[164]。

それから100年以上、眼鏡橋は街のシンボルとして、市民に親しまれてきました。

1957（昭和32）年7月25日に諫早市に大雨が降り、本明川が大洪水になりました。このとき、眼鏡橋に流木がつまり、川がせき止められて周囲に水があふれ出しました。橋が丈夫すぎて流されなかったために、かえって被害が拡大してしまったのです。

その後、眼鏡橋は解体されることになりましたが、文化庁が調査したところ、文化的な価値があることが認められ、重要文化財として保存されることになりました。眼鏡橋は移設され、現在は緑に囲まれた諫早公園でその姿を見ることができます。

諫早公園に移設された眼鏡橋（モーリー/PIXTA）

熊本県

DATA	
県の木／県の花	▸クスノキ／リンドウ
県庁所在地	▸熊本市
面積	▸7409 km^2（15位）
人口	▸177万人（23位）[11]
主な日本一	▸トマトの出荷量[12] ▸馬肉の生産量[165]

熊本県の東部には阿蘇山や九州山地などの山岳地帯があり、菊池川、白川、緑川、球磨(くま)川などが有明海や八代海に流れ込んでいます。熊本県は梅雨期の降水量が多い地域で、過去には1953（昭和28）年6月の北九州大水害や、1972年の昭和47年7月豪雨での球磨川の氾濫など、大雨で大きな被害が出ています。また有明海や八代海では、1999（平成11）年の台風第18号で高潮による被害が出ました。

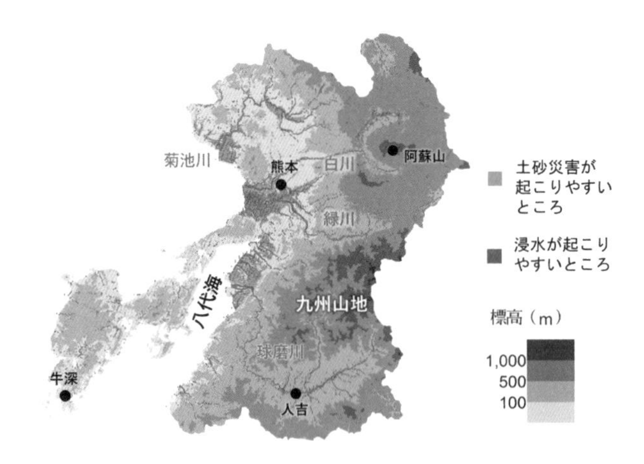

主な地点の気温と降水量

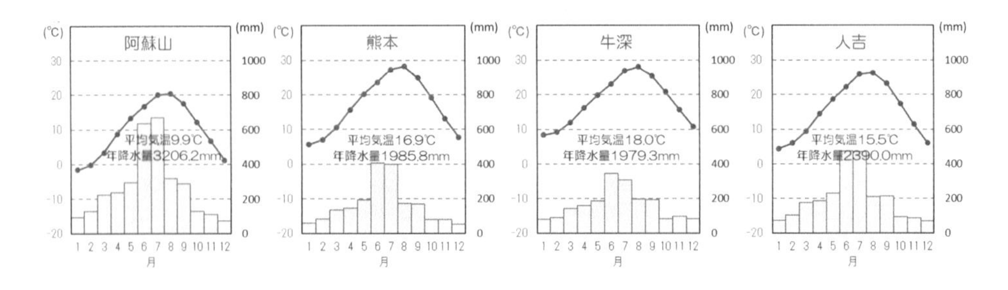

日最高気温（8月の平均）と日最低気温（1月の平均）

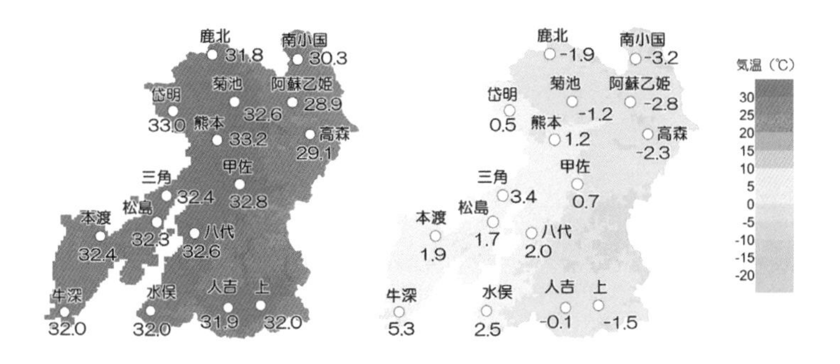

季節ごとの降水量の平年値

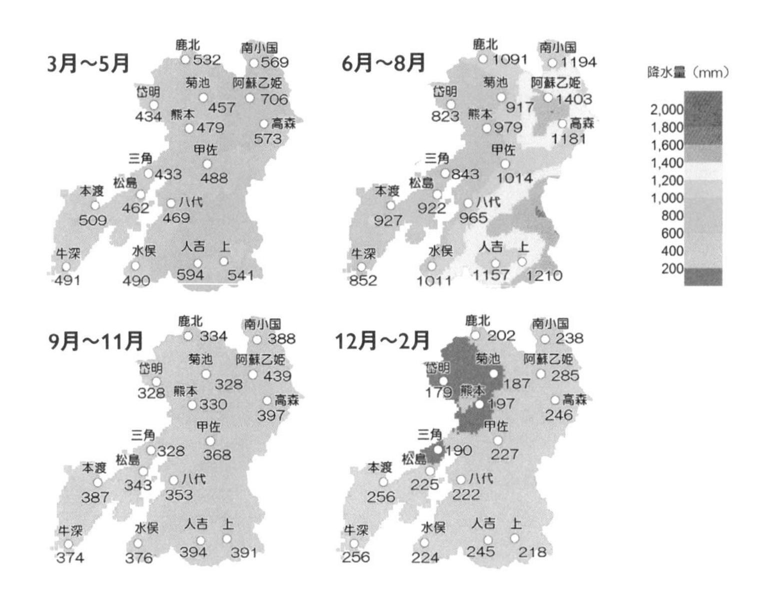

8月の最高気温は熊本市周辺でもっとも高く（33.2℃）、1月の最低気温は南小国周辺でもっとも低くなります（-3.2℃）。降水量は夏（6～8月）に多く、とくに東部の山地では多く降ります。冬（12～2月）の降水量は多くありません。

気象災害の歴史

1953（昭和28）年の北九州大水害や2012年の平成24年7月九州北部豪雨など、梅雨前線による大雨のほか、1927（昭和2）年や1999（平成11）年の台風では、高潮による大きな被害が出ています。

年月日	災害種別	死者・行方不明者数	被災地	概要
1895年7月24日	暴風雨	179	全域	台風が九州西方を通過。暴風が5時間続き、損壊家屋が1万4971軒にのぼった。
1927年9月12日～13日	暴風雨 高潮	423	全域	台風が熊本県を通過。飽託郡で高さ8mに達する高潮が発生し、大きな被害となった。
PICK UP 1953年6月25日～28日	大雨	563	全域	北九州大水害。梅雨前線に伴う大雨により、阿蘇山に堆積した火山灰が白川に流れ込み、泥流となって熊本市に流れ込んだ。
1957年7月26日	大雨	183	県北西部	諫早豪雨。熊本県内では、北西部を中心に大雨が降り、浸水、土砂災害により大きな被害が出た。
1972年7月3日～6日	大雨	123	全域	昭和47年7月豪雨。梅雨前線に伴う大雨により、球磨川が氾濫したほか、天草地方では土砂災害が発生した。
1999年9月23日～24日	暴風雨 高潮	16	全域	台風の通過により、八代海では高潮が発生し、沿岸で多くの被害が出た。
2003年7月20日	大雨	19	県南部	梅雨前線に伴う大雨により、水俣市の2つの地区で土石流が発生し、多くの犠牲者を出した。
2012年7月12日	大雨	25	県北部	平成24年7月九州北部豪雨。梅雨前線に伴う大雨によって、阿蘇市周辺で土砂災害により大きな被害が出た。

火山噴火のあとに大雨

1953年6月の北九州大水害

1953（昭和28）年4月27日、阿蘇山で大きな噴火が起こりました。噴石が数百mの高さに上がり、観光客6人が犠牲になりました。このとき降り積もった火山灰が、2か月後に熊本市街を襲うことになるのです[60]。

1953年6月25日から29日にかけて、今度は九州北部に記録的な大雨が降りました。この大雨が、阿蘇山から火山灰をけずりとり、白川に流れ込みました。白川に入った火山灰は、泥水となって下流の熊本市を襲いました。

熊本市内には600万トンもの火山灰が流れ込み、市街地には厚く泥が積もりしました。泥を取り除く作業には半年もかかったといわれています。

このように、火山噴火のあとに大雨が降ると、大災害になることがあります。火山の近くに住んでいる人は、そのことを頭に入れておく必要があります。

泥で埋まった熊本の市街地[168]（写真提供：熊本市歴史文書資料室）

大分県

DATA	
県の木／県の花	‣ 豊後梅／豊後梅
県庁所在地	‣ 大分市
面積	‣ 6341 km^2（22位）
人口	‣ 115万人（33位）[11]
主な日本一	‣ カボスの生産量[143] ‣ 乾シイタケの生産量[37]

大分県は温泉が有名で、別府や湯布院などの観光地があります。大分市を流れる大野川は、県南部から豊富な水を運んできますが、かつては氾濫の多いあばれ川で、1893（明治26）年や1943（昭和18）年の大水害では、たくさんの犠牲者が出ています。また山地では土砂災害がしばしば起こっています。

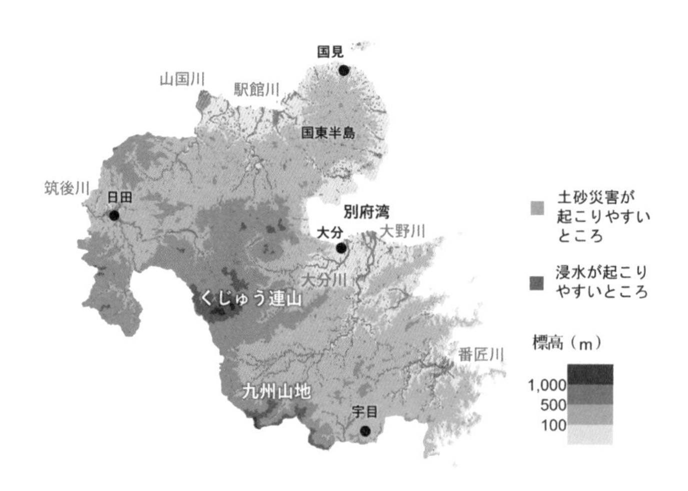

主な地点の気温と降水量

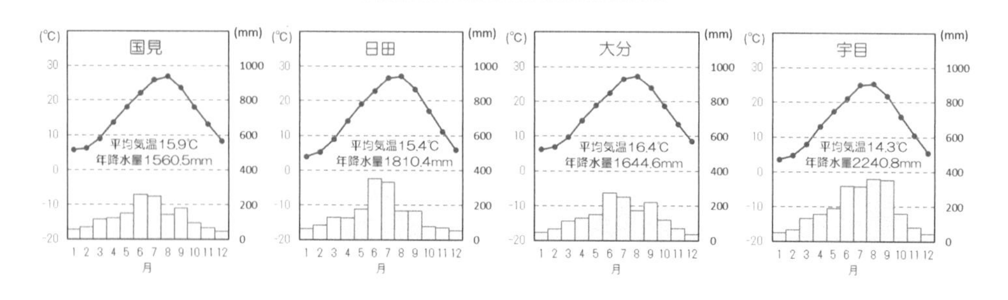

日最高気温(8月の平均)と日最低気温(1月の平均)

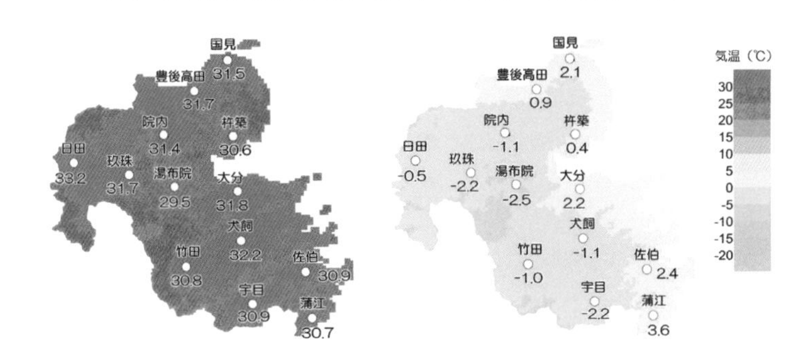

季節ごとの降水量の平年値

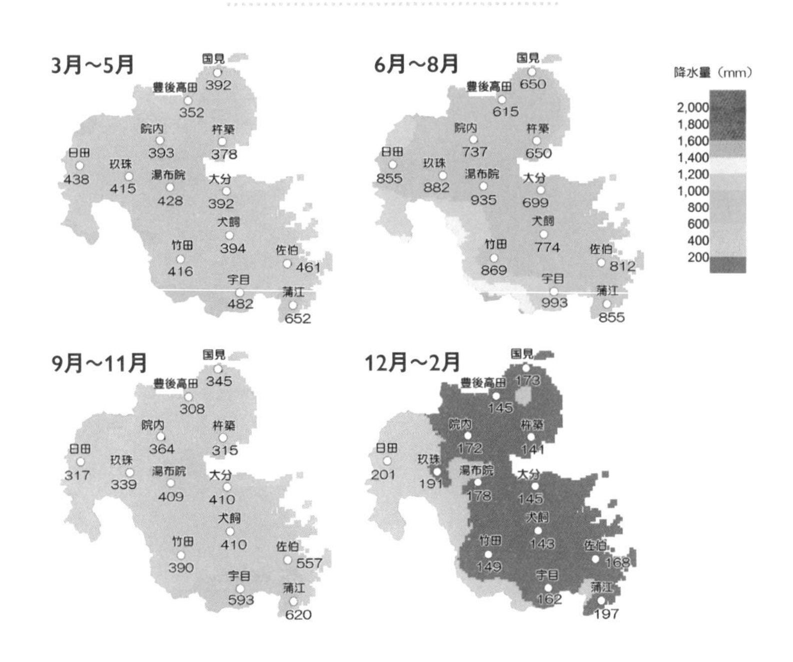

8月の最高気温は日田周辺でもっとも高く(33.2℃)、1月の最低気温は湯布院周辺でもっとも低くなります(-2.5℃)。降水量は夏(6～8月)に多く、とくに県南部の山地で多く降ります。冬(12～2月)の降水量は多くありません。

気象災害の歴史

1893（明治26）年や1943（昭和18）年の台風災害など、明治から昭和初期にかけて、台風によって大きな災害が起こっています。また列車が巻き込まれる災害が1941（昭和16）年と1961（昭和36）年に起こっています。

年月日	災害種別	死者・ 行方不明者数	被災地	概要
1893年 10月13日～15日	暴風雨 高潮	266	全域	台風が九州東部を通過。多くの河川が氾濫したほか、沿岸地域は高潮により大きな被害を受けた。
1941年 10月1日	暴風雨	77	全域	台風が大分県を通過。鉄橋の崩落により豊肥線の上り列車が川に転落したほか、各地で浸水被害が出た。
1943年 9月20日	暴風雨	318	全域	台風が九州東部を通過。大野川の氾濫により鶴崎町が全町浸水したほか、全域でがけ崩れ、浸水被害が発生した。
1945年 9月17日	暴風雨	39	全域	枕崎台風。猛烈な台風が九州を縦断。全壊家屋2025軒。
1951年 10月14日～15日	暴風雨	32	全域	ルース台風。台風が九州を縦断。全壊家屋1728軒。
1953年 6月25日～29日	大雨	84	全域	北九州大水害。梅雨前線に伴う記録的な大雨により、筑後川上流、大分川、大野川、山国川の氾濫や土砂災害によって被害が出た。
1961年 10月25日～26日	大雨	74	県東部	低気圧に伴う大雨。大分交通の電車ががけ崩れに巻き込まれたほか、安岐町では河川の氾濫により多数の死傷者を出した。
2018年 4月11日	山崩れ	6	中津市	中津市耶馬渓町において山崩れが発生し、住宅3軒が土砂に埋まった。

“浸水を受け入れる文化”

大分市高田地区

浸水被害を少なくするには、どうすればよいでしょうか。堤防を整備する、ダムをつくる、早めに避難するなど、いろいろな方法が頭にうかぶと思います。

大分市の高田地区は、大野川と乙津川にはさまれた三角州で、昔から浸水に悩まされてきました。ここでは、浸水を防ぐのではなく、むしろ受け入れる工夫がなされています[172]。具体的には、

- 石垣を積んで高くした土地に家を建てる（写真）
- 2階への階段を広くして避難しやすくする
- 蔵をつくり、非常食や生活用品のほか、小舟を用意する
- 家の周辺に木を植えて洪水の流れを弱くし、いざというときは木に登る
- 「サブタ」と呼ばれる、浸水を食い止める木の板を用意する

このような工夫によって、浸水が起こった場合にも、対応できるようにしています。

石垣を積んで床を高くしている大分市高田地区の集落（出典：国土交通省「大野川の歴史」[173]）

宮崎県

DATA	
県の木／県の花	▸フェニックス・ヤマザクラ・オビスギ／ハマユウ
県庁所在地	▸宮崎市
面積	▸7735 km²（14位）
人口	▸109万人（36位）[11]
主な日本一	▸キンカンの生産量[143] ▸キュウリの出荷量[12]

宮崎県には九州山地や霧島山などの山地があり、そこから五ヶ瀬川、耳川、小丸川、一ツ瀬川、大淀川などの大きな河川が東西に流れています。台風が九州の南部にあるとき、南東風が山地にぶつかって、しばしば大雨になります。その結果、川があふれて浸水が起こったり、土砂災害が起こったりすることがあります。

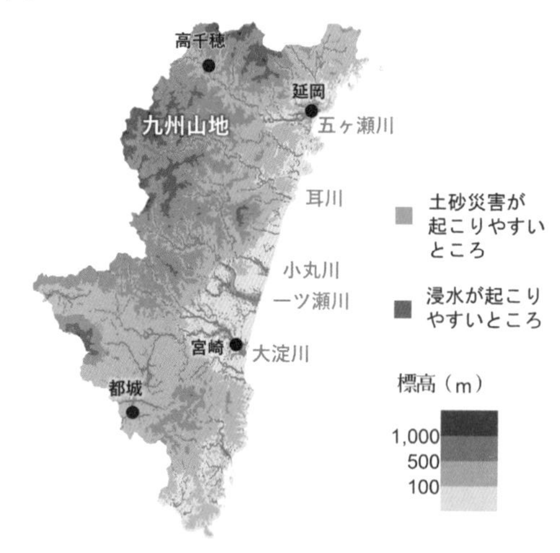

主な地点の気温と降水量

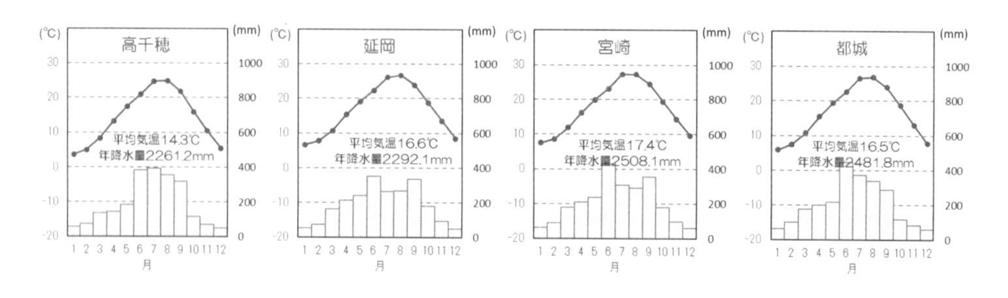

日最高気温（8月の平均）と日最低気温（1月の平均）

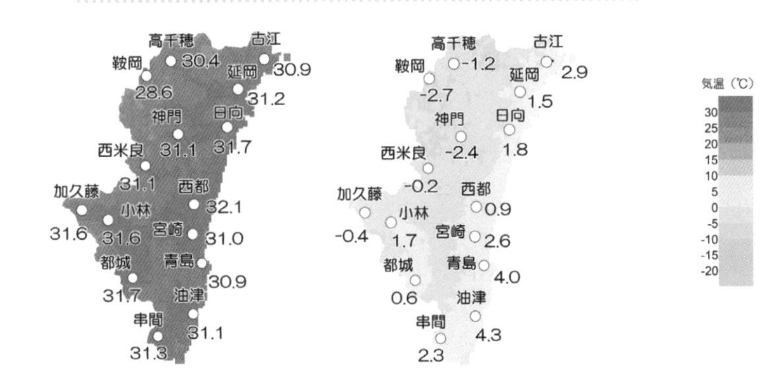

季節ごとの降水量の平年値

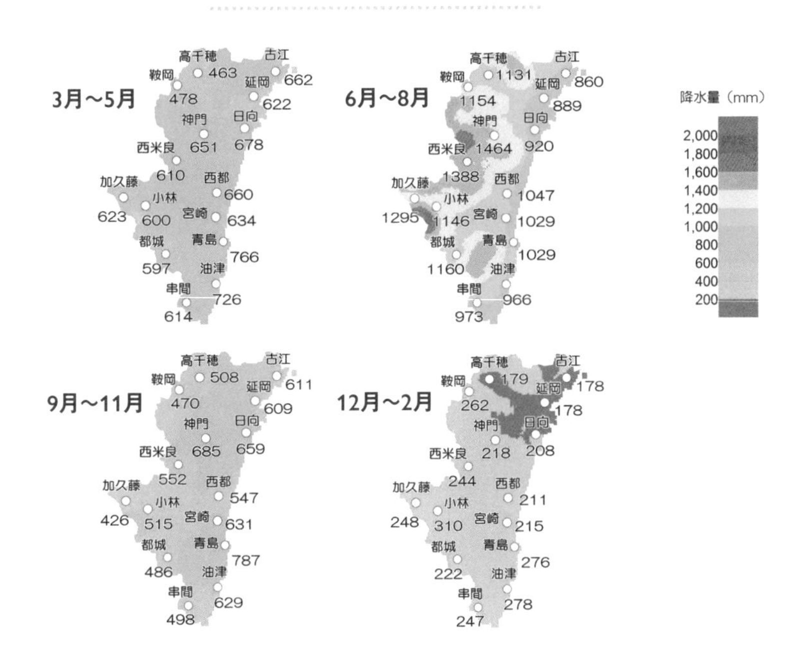

8月の最高気温は西都周辺でもっとも高く（32.1℃）、1月の最低気温は鞍岡周辺でもっとも低くなります（-2.7℃）。降水量は夏（6～8月）に多く、とくに山地で非常に多くの雨が降ります。冬（12～2月）の降水量は多くありません。

気象災害の歴史

過去の大災害のほとんどが台風によるもので、大雨による土砂災害と、川の氾濫が大きな要因となっています。比較的最近では、2005（平成17）年の台風第14号に伴う土砂災害と水害で、13人が犠牲になっています。

年月日	災害種別	死者・行方不明者数	被災地	概要
1912年10月1日～2日	暴風雨	47	全域	台風が宮崎県を通過。流失家屋330軒、全壊家屋822軒の被害が出た。
1939年10月15日～16日	暴風雨	66	全域	台風が九州の南海上を通過。清武川の堤防が決壊するなどして多数の死傷者を出した。
1941年9月30日～10月1日	暴風雨	21	全域	台風が九州を縦断。大雨により流失家屋224軒、全壊家屋267軒の被害が出た。
1943年9月20日	暴風雨	115	全域	台風が九州東部を通過。暴風雨により流失家屋302軒、全壊家屋298軒の被害が出た。
1945年9月17日	暴風雨 高潮	76	全域	枕崎台風。多数の河川が氾濫したほか、都井村などで高潮による浸水が発生した。
1951年10月12日～14日	暴風雨	48	全域	ルース台風。都城で最大瞬間風速51.4m/sを記録し、7452軒の建物が全壊した。
1954年9月10日～13日	暴風雨	64	全域	台風が九州を縦断。椎葉村や南郷村の土砂災害、大淀川の氾濫などの被害が出た。
PICK UP 1966年8月11日～24日	暴風雨	26	全域	台風に伴う大雨。青井岳でキャンプ中の中学生が死亡したほか、北川村で土砂災害があった。
2005年9月4日～6日	暴風雨	13	全域	台風が九州西部を通過。高千穂町や三股町で土砂災害、宮崎市では大淀川の支流が氾濫した。

川の中州でのキャンプに注意

1966年の青井岳キャンプ水難事故

1966（昭和41）年8月、宮崎市立青島中学校では、生徒会活動の一環として青井岳でキャンプを行なうことになり、生徒10人と教員2人が参加しました。キャンプ場の近くには川が流れていて、現地に着いた13日には水深が10〜20cmだったので、中州にテントを張ることにしました。

8月14日朝5時ごろ、目を覚ました生徒たちはテントでトランプ遊びをしましたが、そのときは川に異常はなかったといいます。ところが6時30分に教員がテントの外に出ると、川が増水していることに気づきました。上流で集中豪雨があったのです。

教員の一人が川を泳いで渡り、周囲に救助を求めました。しかし住民がかけつけたときには、水の流れが強すぎて、とても救助できる状況ではありませんでした。中州に残された教員と生徒たちは、最後の手段として、テントを浮袋のかわりにして川を渡ろうとしましたが、岸にたどり着けたのは2人の生徒だけでした[176]。

それから33年後のまったく同じ日、今度は神奈川県山北町の玄倉川で、同じような水難事故がありました。キャンプをするときは、テントを張る場所に危険がないか、十分に注意する必要があります。

川は急に増水することがあり、中州でキャンプをしていると取り残されてしまう危険がある（ばりろく/PIXTA）。

鹿児島県

DATA

県の木／県の花	▸クスノキ･カイコウズ／ミヤマキリシマ
県庁所在地	▸鹿児島市
面積	▸9187 km² (10位)
人口	▸163万人(24位)[11]
主な日本一	▸サツマイモの出荷量[49] ▸ソラマメの出荷量[12]

鹿児島県は九州の最南端にあり、台風災害に苦しめられてきました。とくに1951(昭和26)年のルース台風は、鹿児島湾に高潮を引き起こし、200人以上が犠牲になりました。また梅雨期にも大雨が降りやすく、1993(平成5)年8月6日の鹿児島豪雨では、甲突川(こうつきがわ)が氾濫して鹿児島市内が浸水したほか、土砂災害によってたくさんの犠牲者が出ました。

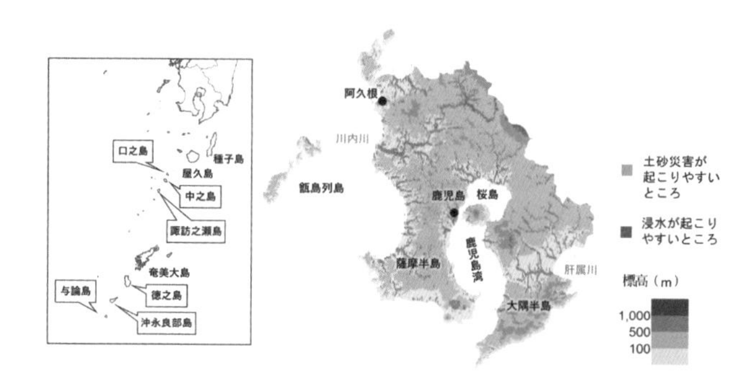

主な地点の気温と降水量

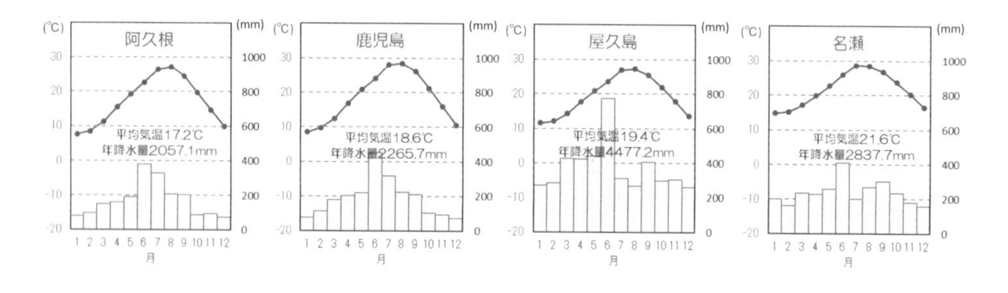

日最高気温（8月の平均）と日最低気温（1月の平均）

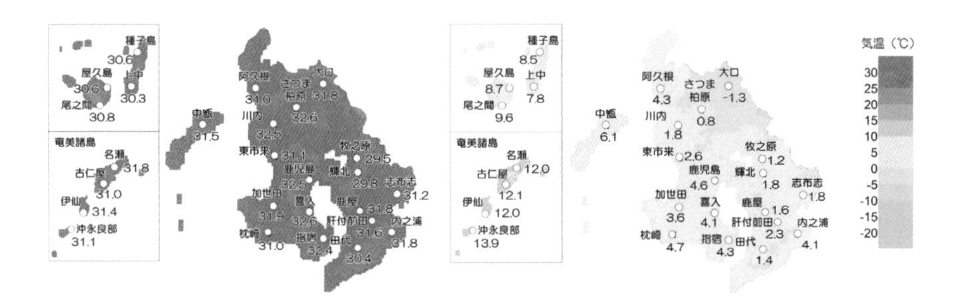

季節ごとの降水量の平年値

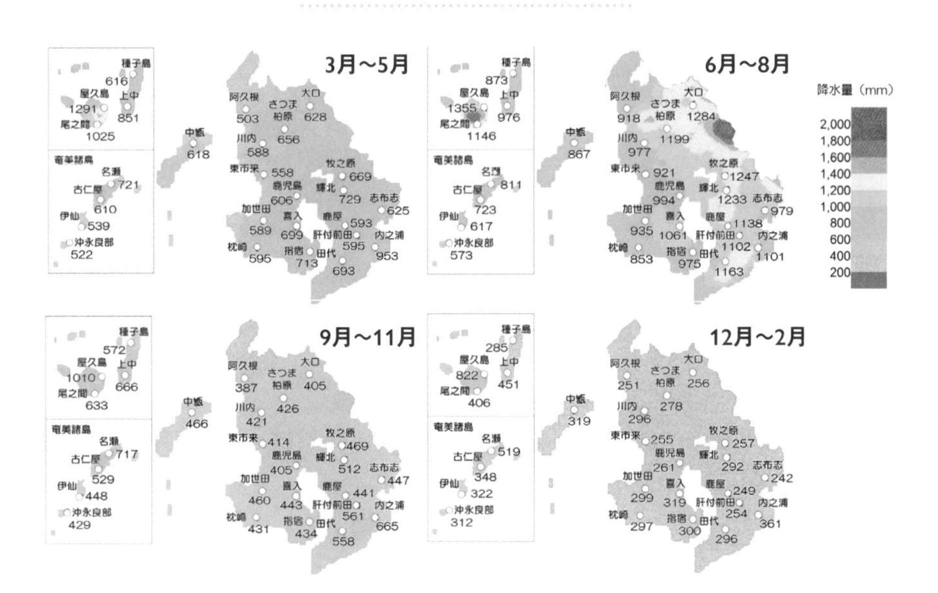

8月の最高気温はさつま柏原および喜入周辺でもっとも高く（32.6℃）、1月の最低気温は大口周辺でもっとも低くなります（-1.3℃）。降水量は夏（6～8月）に、とくに北東の山地で多く、秋（9～11月）から冬（12～2月）にかけて少なくなります。

鹿児島県の

気象災害の歴史

過去の大きな災害のほとんどは台風によるものです。天気予報の技術が十分でなかった明治から昭和初期には、漁船の転覆などでたくさんの犠牲者が出ました。また鹿児島湾では高潮が起こることがあり、1951（昭和26）年のルース台風では大きな被害が出ています。

年月日	災害種別	死者・行方不明者数	被災地	概要
1906年10月23日	暴風	700以上	下甑村（しもこしき）ほか	台風が九州西方を通過。薩摩郡下甑村のサンゴ採取船90隻が暴風のため行方不明となった。
1911年9月21日	暴風雨	149	全域	台風が大隅半島を横断。鹿児島市で最大瞬間風速52.5m/sを記録するなど暴風が吹き荒れた。
1926年9月16日	暴風雨	211	奄美大島	発達した台風が奄美大島を通過。風水害のほか火災により住家170軒が焼失した。
1938年10月15日	暴風雨	454	大隅半島ほか	発達した台風が屋久島付近を通過。高山町、内之浦町などで土石流により大きな被害が出た。
1945年9月17日	暴風雨 高潮	129	全域	枕崎台風。猛烈な台風が枕崎市に上陸。風水害のほか、沿岸では高潮も発生した。
1951年10月14日	暴風雨 高潮	209	全域	ルース台風。発達した台風に伴う高潮により鹿児島市、枕崎市、串木野市などで被害が出た。
1971年8月5日	暴風雨	47	全域	台風が九州を縦断。全壊家屋355軒、床上浸水3553軒の大きな被害が生じた。
1976年6月22日～26日	大雨	32	全域	梅雨前線に伴う大雨。鹿児島市や大隅半島ではがけ崩れによって大きな被害が生じた。
PICK UP☞ 1993年8月6日	大雨	49	鹿児島市	梅雨前線に伴う集中豪雨により、鹿児島市で土砂災害が発生したほか、甲突川が氾濫した。

“乗務員の機転が300人の命を救った”

平成5年8月6日鹿児島豪雨

災害に襲われるのは、家にいるときとは限りません。通勤・通学中など、思わぬところで災害にあってしまうことがあります。

1993（平成5）年8月6日、JR日豊本線の竜ヶ水駅では、16時50分に上り列車、16時53分に下り列車がそれぞれ到着しましたが、大雨のため、両方の列車はそのまま停車していました。

17時ごろ、最初の土石流が発生し、線路が土砂で埋まりました。雨の強さはさらに増していき、列車はたいへん危険な状況になりました。「このまま列車にいては危険だ」と判断した乗務員は、乗客約300人を海岸沿いの国道10号線に避難させることを決断しました。ちょうど乗客全員が避難した直後、2回目の土石流が列車を押しつぶしました。まさに危機一髪でした。

災害の後、「平静を装っていたが、今思うとぞっとする。乗客が冷静に行動してくれたのが良かった」と列車乗務員は語っています[179]。もし国道に避難していなければ、列車もろとも300人が土砂災害に巻き込まれていたことでしょう。とっさの決断によって、被害が軽減されました。

1993（平成5）年8月6日、竜ヶ水駅周辺を襲った土石流で押しつぶされた列車（毎日新聞社/アフロ）

沖縄県

DATA	
県の木／県の花	▸リュウキュウマツ／デイゴ
県庁所在地	▸那覇市
面積	▸2281 km²（44位）
人口	▸144万人（25位）[11]
主な日本一	▸パイナップルの生産量[18] ▸サトウキビの収穫量[49]

沖縄県は47の有人島と116の無人島で構成されています。発達した台風の通り道にありますが、台風に対する備えが進んでいるため、あまり大きな被害が出ることはありません。ただし猛烈な台風が通過すると、やはり被害が出ることがあり、歴史をさかのぼると、1957（昭和32）年のフェイ台風や1959（昭和34）年のシャーロット台風で多数の犠牲者が出ています。

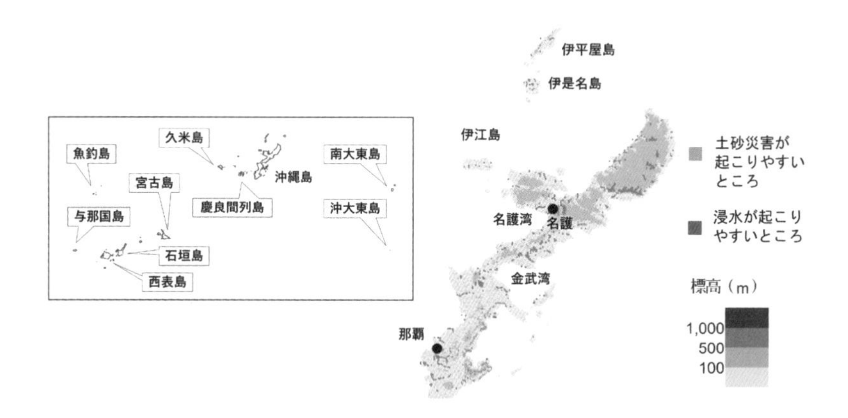

主な地点の気温と降水量

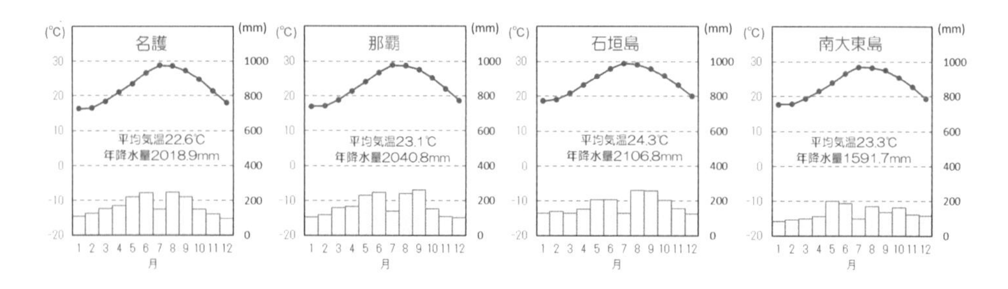

日最高気温（8月の平均）と日最低気温（1月の平均）

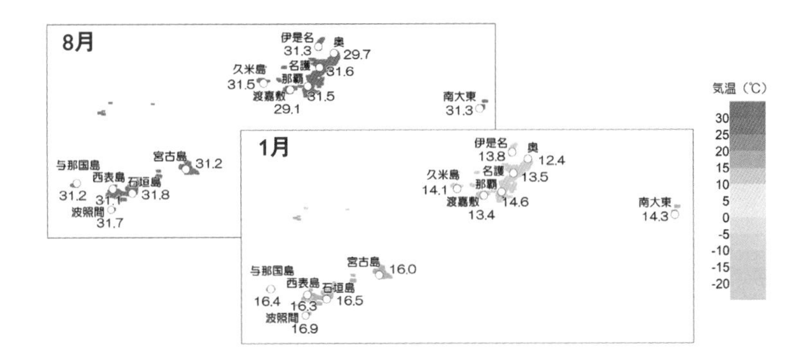

季節ごとの降水量の平年値

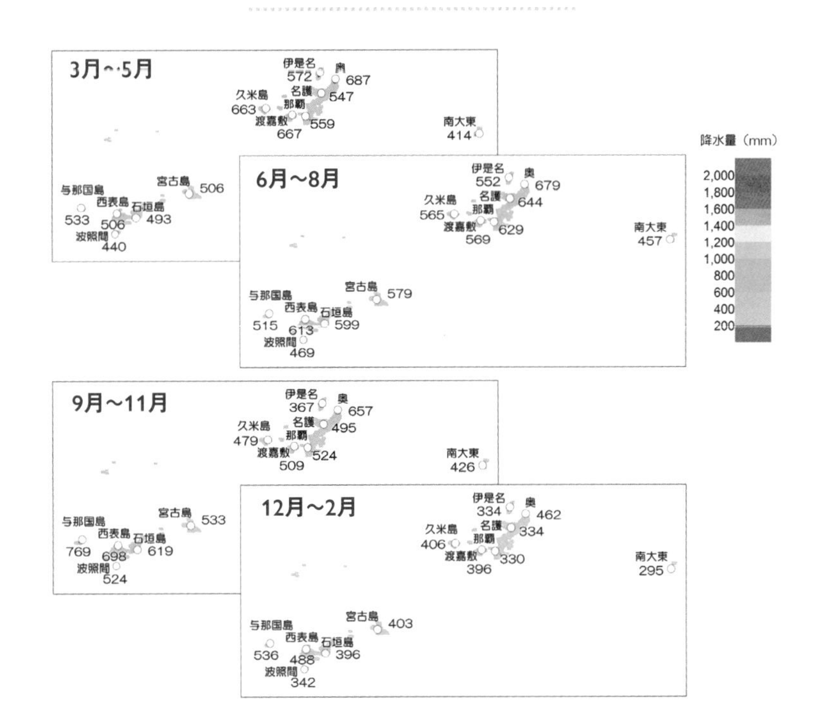

8月の最高気温は石垣島でもっとも高く（31.8℃）、1月の最低気温は沖縄本島の北端でもっとも低くなります（奥観測所で12.4℃）。降水量は春（3〜5月）、夏（6〜8月）、秋（9〜11月）に多く、冬（12〜2月）にはやや少なくなります。

沖縄県の

気象災害の歴史

過去の気象災害のほとんどが台風によるもので、小さな被害も含めるとほぼ毎年のように災害が起こっています。しかし100人以上の犠牲者を伴うような災害は少なく、1957（昭和32）年のフェイ台風が唯一のものになります。

年月日	災害種別	死者・行方不明者数	被災地	概要
1930年 7月27日	暴風雨	20	沖縄本島	台風が沖縄本島南部をかすめて西進。全壊家屋40軒、床上浸水840軒の被害が生じた。
1933年 10月19日	暴風雨	15	石垣島	台風が石垣島付近を北東に通過。全壊家屋183軒、船舶全半壊89隻の被害が出た。
1948年 10月4日	暴風雨	20	沖縄本島	ビリー台風。台風が沖縄本島を通過。全壊家屋9941軒の大きな被害が出た。
1950年 6月23日	暴風雨	35	宮古島	エルシー台風。台風が宮古島を通過。全壊家屋1315軒の大きな被害となった。
1951年 10月13日～14日	暴風雨 高潮	37	沖縄本島 宮古島	ルース台風。強い台風が沖縄から九州を縦断。沖縄本島南部では、高潮による浸水が発生した。
1957年 9月26日	暴風雨	131	全域	フェイ台風。台風が沖縄付近で急発達し、小学校の校舎が全壊するなど大きな被害となった。
1959年 10月17日	暴風雨	46	沖縄本島 宮古島	シャーロット台風。台風が沖縄本島に接近し、土砂災害や浸水により大きな被害が出た。
1977年 7月31日	暴風雨	6	石垣島 ほか	台風が西表島付近を通過。石垣島では最大瞬間風速70.2m/sを記録、全壊家屋182軒。
2003年 9月11日	暴風	1	宮古島	最低気圧912hPaを記録する猛烈な台風が宮古島を通過。全壊家屋18軒の被害が生じた。

台風に強い沖縄の住宅

1966年の第二宮古島台風ほか

1966（昭和41）年9月5日、宮古島を記録的な台風が襲いました。台風の中心気圧は918hPaで、宮古島気象台では最大瞬間風速85.3m/sを記録しました。気象庁はこの台風を第二宮古島台風と名づけました。

当時、宮古島には6万人以上が生活していました。記録的な台風により大きな被害が出ましたが、幸いなことに死者はゼロでした。その理由のひとつは、強風に強い沖縄の住宅にあります。

古くから台風災害に悩まされてきた沖縄県では、強風に強い家づくりがなされています。伝統的な住宅では、家の周りを防風林や石垣で囲い、強風で瓦が飛ばないようにしています。また最近は、強風に強い鉄筋コンクリート造りの住宅が一般的になっています。

沖縄の伝統的な住宅。強風対策として、家を石垣や防風林で囲んでいる（genki/PIXTA）。

日本と比べてみよう

世界の気象の記録[183]

項目	国名	地点	記録	発生日
最高気温	アメリカ	カリフォルニア州 ファーニスクリーク	56.7℃	1913年 7月10日
最低気温		南極 ヴォストーク基地	-89.2℃	1983年 7月21日
最低海面気圧		沖ノ鳥島南方 （台風の中心）	870hPa	1979年 10月12日
1分間降水量	アメリカ	メリーランド州 ユニオンビル	31.2mm	1956年 7月4日
1時間降水量	アメリカ	ミズーリ州 ホルト	305mm	1947年 6月22日
24時間降水量	フランス	レユニオン島 フォクフォク	1825mm	1966年 1月7日～8日
12か月降水量	インド	チェラプンジ	26470mm	1860年8月 ～1861年7月
最大瞬間風速	オーストラリア	バロー島	113.2m/s	1996年 4月10日

参考文献

1 気象庁「気候変動監視レポート2018」2019年7月
2 気象庁「風の強さに関する用語」https://www.jma.go.jp/jma/kishou/know/yougo_hp/kaze.html
3 国土交通省中部地方整備局木曽川上流河川工事事務所 http://www.cbr.mlit.go.jp/kisojyo/explanation/index.html
4 内閣府政策統括官(防災担当)付参事官付、国土交通省都市・地域整備局地方振興課「雪害による犠牲者発生の要因等総合調査(参考資料)」http://www.bousai.go.jp/kaigirep/kentokai/setsugaigiseizero/02/10_sankou1.pdf
5 気象庁「歴代全国ランキング」https://www.data.jma.go.jp/obd/stats/etrn/view/rankall.php
6 気象庁「日本版改良藤田(JEF)スケールとは」https://www.jma.go.jp/jma/kishou/know/toppuu/tornado1-2-2.html
7 千葉県「防災誌『風水害との闘い』」https://www.pref.chiba.lg.jp/bousai/bousaishi/husuigai.html
8 気象庁「台風による災害の例」https://www.jma.go.jp/jma/kishou/know/typhoon/6-1.html
9 気象庁「災害をもたらした気象事例『昭和47年7月豪雨』」https://www.data.jma.go.jp/obd/stats/data/bosai/report/1972/19720703/19720703.html
10 内閣府「平成30年7月豪雨による被害状況等について」https://www.bousai.go.jp/updates/h30typhoon7/pdf/310109_1700_h30typhoon7_01.pdf
11 総務省統計局「統計でみる都道府県のすがた2019」https://www.stat.go.jp/data/k-sugata/pdf/all_ken2019.pdf
12 農林水産省「作況調査(野菜)」平成29年産
13 経済産業省「平成29年工業統計調査」
14 北海道防災会議「地域防災計画(資料編)」2017年5月
15 札幌管区気象台「北海道の気候」1964年
16 防災科学技術研究所「雪氷災害データベース」https://yukibousai.bosai.go.jp/obs/news/index.php
17 上前淳一郎「洞爺丸はなぜ沈んだか」文春文庫、1983年
18 農林水産省「作況調査(果樹)」平成29年産
19 青森地方気象台「青森県の気象百年」1986年
20 青森県危機管理局防災危機管理課「青森県の主な災害と県民の防災意識の現状」http://www.bousai.pref.aomori.jp/files/11E38090E8B387E69699EFBC93E38091E99D92E6A3AEE79C8C_2.pdf
21 青森県総務部消防防災課「台風第19号その記録と教訓」1993年
22 農林水産省「作況調査(花き)」平成29年産
23 盛岡地方気象台・岩手県「岩手県災異年表」1979年
24 盛岡地方気象台「岩手県災害時気象資料 平成28年台風第10号による大雨と暴風、波浪(平成28年8月29日~31日)」https://www.jma-net.go.jp/morioka/saigaidata/saigaisiryou16-3iwate.pdf
25 経済安定本部資源調査会「北上川流域水害実態調査 アイオン台風による水害について」『資源調査会報告』第6号、1950年
26 内田和子「北上川中流域・一関付近における地形と洪水」『水資源・環境研究』Vol.2, pp21-32, 1988年
27 「『奇跡の生還』(濁流を越えて 一関大水害から半世紀:1)」朝日新聞1997年9月9日付朝刊
28 農林水産省「海面漁業生産統計調査」2017年
29 環境省自然環境局生物多様性センター「ガンカモ類の生息調査」平成29年度
30 宮城県「過去に県内で発生した災害の記録-宮城県災害年表」https://www.pref.miyagi.jp/soshiki/kikitaisaku/kb-kakosaigai.html
31 山田安彦「明治以降における北上川治水の歴史地理学的分析に関する覚え書」『岩手大学教育学部研究年報』35巻、pp97~122、2008年
32 国土交通省一関防災センター「北上川情報/北上川の歴史-舟運の歴史」http://www.thr.mlit.go.jp/iwate/iport/kitakami/rekisi/syuun/motto.htm
33 林野庁「都道府県別スギ・ヒノキ人工林面積」https://www.rinya.maff.go.jp/j/sin_riyou/kafun/pdf/sugihinoki_menseki.pdf
34 秋田県防災会議「秋田県地域防災計画 災害記録」2017年3月
35 山形県防災会議「山形県地域防災計画 風水害対策編」2019年3月
36 航空・鉄道事故調査委員会「鉄道事故調査報

告書　東日本旅客鉄道株式会社羽越線砂越駅～北余目駅間列車脱線事故」2008年4月2日 https:// www.mlit.go.jp/jtsb/railway/rep-acci/RA2008-4.pdf

37 農林水産省「特用林産物生産統計調査」平成29年

38 福島県「福島県災害誌（昭和20年～昭和41年）」102pp, 1967年

39 福島県「県内における主要災害（昭和40年～平成29年）」https://www.pref.fukushima.lg.jp/sec/16025b/syuyousaigai.html

40 防災科学技術研究所「北関東・南東北地方1998年8月26日～31日豪雨災害調査報告」『主要災害調査』第37号、216pp、2001年

41 水戸地方気象台「茨城県気象災害誌1901～1970」1977年

42 茨城県防災会議「茨城県地域防災計画　風水害対策計画編」2018年3月

43 水戸地方気象台「茨城県の気象災害の記録」https://www.jma-net.go.jp/mito/knowledge/kishou_saigai.html

44 土浦市立博物館「土浦の洪水記録―先人が語る水とのたたかい―」2009年

45 茨城県総務部統計課「昭和十三年の茨城県水害誌」1940年

46 栃木県防災会議「栃木県地域防災計画」2018年12月

47 宇都宮地方気象台「栃木県の主な気象災害」https://www.jma-net.go.jp/utsunomiya/sub/kisyousaigai.html

48 那須町「豪雨災害のつめあと―平成10年8月末集中豪雨災害の記録―」2000年

49 農林水産省「作況調査（工芸農作物）」平成29年産

50 群馬県・前橋地方気象台「群馬県気象災害史」1967年

51 群馬県防災会議「群馬県地域防災計画」2018年1月

52 三好彰「『花粉症』日英中比較考現学―日本人の『国民病』花粉症のルーツは、19世紀にイギリスで発症した『枯草熱』にあった―」『耳鼻45』pp.690-695、1999年

53 埼玉県防災会議「埼玉県地域防災計画」2014年12月

54 埼玉県消防防災課・熊谷地方気象台「埼玉県の気象災害」1970年

55 小坂忠・松浦茂樹「利根川近代治水計画における中条堤の位置付け」『土木史研究』第15号、pp.129-143、1995年

56 銚子地方気象台「千葉県気象災害史」1969年

57 千葉県史料研究財団「千葉県の自然誌 本編3:千葉県の気候・気象」1999年

58 千葉県総務部消防地震防災課「防災誌　風水害との闘い　―洪水との闘い、十五夜の嵐、竜巻―」2010年

59 東京都防災会議「東京都地域防災計画　風水害編　別冊資料」平成26年修正

60 北原糸子・松浦律子・木村玲欧編「日本歴史災害事典」吉川弘文館、2012年

61 国土交通省関東地方整備局利根川上流河川事務所「利根川の紹介」http://www.ktr.mlit.go.jp/tonejo/tonejo00185.html

62 神奈川県「神奈川県気象災害誌」1972年

63 神奈川県防災会議「神奈川県地域防災計画-マニュアル・資料-」2019年3月

64 角谷ひとみ・井上公夫・小山真人・冨田陽子「富士山宝永噴火（1707）後の土砂災害」『歴史地震』第18号、pp.133-147、2002年

65 吉村武彦編「日本の歴史を解く100人―再評価される歴史群像」文英堂、1997年

66 農林水産省「作況調査（水陸稲）」平成29年産

67 新潟県「コシヒカリのエピソード3～新潟県・全国への定着～」https://www.pref.niigata.lg.jp/sec/nosanengei/1342040438263.html

68 国土交通省「信濃川水系流域及び河川の概要」https://www.mlit.go.jp/river/basic_info/jigyo_keikaku/gaiyou/seibi/pdf/shinanogawa35-5.pdf

69 新潟県防災会議「新潟県地域防災計画（風水害対策編）」2019年3月

70 平田潔「日本有数の大規模な放水路『信濃川大河津分水路』」『Civil Engineering Consultant』Vol.238、pp.32-35、2008年

71 新潟県観光協会「信濃川大河津資料館」https://niigata-kankou.or.jp/spot/9933

72 富山地方気象台「富山県気象災異誌」、1971年

73 富山県防災会議「富山県地域防災計画」2019年6月
74 吉友嘉久子「地震・地すべり・大崩落—立山カルデラ物語」ダイナミックセラーズ出版、2008年
75 農林水産省「海面漁業生産統計調査」平成29年
76 石川県「石川県災異誌」、1982年
77 石川県防災会議「石川県地域防災計画」2019年5月
78 津幡町役場「忠犬伝説」http://kankou.town.tsubata.ishikawa.jp/content/detail.php?id=10
79 福井県防災会議「地域防災計画(資料編)」2019年3月
80 西崎雅仁・坂田桂子「継体天皇の地域文化的・歴史的価値と産業形成の起点に関する考察」大同大学紀要、第50巻、pp.167-176、2014年
81 甲府地方気象台「山梨県の気象百年」1994年
82 山梨県防災会議「山梨県地域防災計画」2019年6月
83 国土交通省 中部地方整備局 富士砂防事務所「基礎知識足和田土石流災害」『ふじあざみ』55号(2)、2015年
84 長野県防災会議「長野県地域防災計画　資料編」2019年1月
85 長野県危機管理局編「長野県の災害と気象1945-1964年」1965年
86 長野県教育委員会「学校における防災教育の手引き」https://www.pref.nagano.lg.jp/kyoiku/hokenko/hoken/gakkoanzen/bosai-02.html
87 下伊那郡大鹿村「大災害からの記録　昭和36年梅雨前線集中豪雨災害から30年」1992年
88 越智正樹・平井芽阿里・山本達也「災害復興50年の山村社会再編における各種コミュニティの質的変換」『京都大学グローバルCOEプログラム「親密圏と公共圏の再編成をめざすアジア拠点」ワーキングペーパー』75、2012年
89 岐阜地方気象台編「岐阜県災異誌」1965年
90 岐阜地方気象台「岐阜県における主な気象災害(1945年以降)」https://www.jma-net.go.jp/gifu/pdf/kisyousaigai.pdf
91 岐阜県教育委員会「防災教育の手引き」https://www.pref.gifu.lg.jp/kensei/ken-gaiyo/soshiki-annai/kyoiku-iinkai/gakko anzen/bousai-suisin.html
92 岐阜県「飛騨川バス転落事故(8月17日豪雨災害)(1968年昭和43年)」https://www.pref.gifu.lg.jp/kurashi/bosai/shizen-saigai/11115/siryou/hidagawabasu.html
93 国土交通省道路局国道・防災課道路防災対策室「ゲリラ豪雨に対応した新しい事前通行規制の試行～災害捕捉率の向上と通行止め時間の適正化～」『道路行政セミナー』No.083、pp.1-8、2015年
94 静岡県・静岡地方気象台「静岡県気象災害誌」1963年
95 静岡県防災会議「静岡県地域防災計画　資料編Ⅱ」2018年8月
96 建設省中部地方建設局沼津工事事務所「狩野川台風手記」1987年
97 名古屋地方気象台「愛知県の気象」1962年
98 愛知県防災会議「愛知県地域防災計画附属資料」令和元年修正
99 中央防災会議災害教訓の継承に関する専門調査会「1959伊勢湾台風報告書」http://www.bousai.go.jp/kyoiku/kyokun/kyoukunnokeishou/rep/1959_isewan_typhoon/index.html
100 気象庁「災害をもたらした気象事例」https://www.data.jma.go.jp/obd/stats/data/bosai/report/1959/19590926/19590926.html
101 津地方気象台「創立百年誌」1989年
102 三重県防災会議「三重県地域防災計画添付資料【第1部 地勢及び気象編】」2019年3月
103 岩田貢「防災と地理教育—伊勢湾台風時の楠町の早期避難に学ぶ—」『龍谷紀要』第36巻第2号、pp.155-170、2015年
104 三重県「伊勢湾台風災害誌」1961年
105 滋賀県「滋賀県災害誌」1966年
106 滋賀県「滋賀県水害情報発信サイト」https://www.pref.shiga.lg.jp/suigaijyouhou/
107 葛葉泰久「既往最大値の再現期間を考慮した日降水量確率分布の推定」『水文・水資源学会誌』28巻、pp.59-71、2015年
108 植村善博「室戸台風による京都市とその周辺の学校被害と記念碑」『京都歴史災害研究』第19号、pp.13-24、2018年
109 京都府防災会議「京都府地域防災計画(資料編)」2019年6月
110 京都府「災害年表」http://www.pref.kyoto.jp/sabo/1172737395823.html

111 井手町史編集委員会「南山城水害誌」260pp、1983年
112 大阪管区気象台「大阪の気象百年」1982年
113 大阪府防災会議「大阪府地域防災計画　関連資料集」2019年3月
114 長尾武「室戸台風、大阪での暴風・高潮の被害—小学校の倒壊、ハンセン病外島保養院の流失—」『京都歴史災害研究』第11号、pp.17-29、2010年
115 兵庫県・神戸海洋気象台・兵庫県自治協会「兵庫県災害誌」1954年
116 兵庫県防災会議「兵庫県地域防災計画（風水害等対策計画）」2020年1月
117 兵庫県「過去の洪水記録」http://gakusyu.hazardmap.pref.hyogo.jp/bousai/kouzui/history/
118 加藤尚子「昭和13（1938）年『阪神大水害』における神戸区町会連合会の対応」『農業史研究』第47号、pp.35-46、2013年
119 奈良県防災会議「奈良県地域防災計画　水害・土砂災害等編」2018年3月
120 奈良県「歴史から学ぶ　奈良の災害史」2014年
121 番匠健一「災害難民とコロニアズムの交錯：十津川村の北海道移住の記憶と語り」『立命館言語文化研究』29巻、第2号、pp.117-132、2017年
122 和歌山県「和歌山縣災害史」1963年
123 和歌山県防災会議「和歌山県地域防災計画　基本計画編」令和元年度修正
124 鳥取県防災会議「鳥取県地域防災計画（資料編）」2019年2月
125 田坂郁夫「山陰地域の気象災害一覧」https://pcndr-shimane-u.com/pcndr/wp-content/themes/original/pdf/researches6.pdf
126 建設省中国地方整備局鳥取工事事務所「千代川史」1978年
127 島根県防災会議「平成30年度島根県地域防災計画（資料編）」2019年3月
128 島根県砂防課「災害年表」https://www.pref.shimane.lg.jp/infra/river/sabo/hukkyuu_jigyo/index.data/saboushi.pdf?site=sp
129 岡山県土木部防災砂防課「岡山県の砂防の歴史」https://sites.google.com/site/okayamasabo/home
130 岡山県防災会議「岡山県地域防災計画（資料編）」2019年7月
131 倉敷市「平成30年7月豪雨災害 対応検証報告書」2019年4月
132 出原彰雄・中谷 剛・平野洪賓・三隅良平・波多野頼子「平成30年7月豪雨における岡山県倉敷市の消防機関の初動対応および真備町の浸水状況について」『主要災害調査』第53号、pp.155-168、2020年
133 広島県防災会議「広島県地域防災計画（基本編）」2019年5月
134 広島県「地域の砂防情報アーカイブ」https://www.sabo.pref.hiroshima.lg.jp/portal/sonota/saigai/002dosya.htm
135 河田恵昭・御前雅嗣・岡太郎・土屋義人「戦後の風水害の復元（1）—枕崎台風—」『京都大学防災研究所年報』第35号、B-2、pp.403-432、1992年
136 広島県「地域の砂防情報アーカイブ」https://www.sabo.pref.hiroshima.lg.jp/saboarchive/saboarchivemap/index.aspx
137 山口県「山口県の主な気象災害（昭和20年以降）」http://www.pref.yamaguchi.lg.jp/cmsdata/e/b/f/ebff24eb32a6ff58d1d54bab35304002.pdf
138 山口県「災害教訓事例集～過去の災害を語り継ぐ～」https://www.pref.yamaguchi.lg.jp/cms/a10900/bousai/201603310001.html
139 光永臣秀・平石哲也・宇都宮好博・三原正裕・大川郁夫・中川浩二「台風9918号による周防灘での高潮高波被害の特性」『土木学会論文集』No.726/II-62、pp.131-143、2003年
140 徳島県・徳島地方気象台「徳島自然災害誌」2017年
141 徳島県防災会議「徳島県地域防災計画（資料編）」2019年1月
142 井上公夫・森俊勇・伊藤達平・我部山佳久「1892年に四国東部で発生した高磯山と保勢の天然ダムの決壊と災害」『新砂防』、58（4）巻、pp.3-12、2005年
143 農林水産省「平成29年産特産果樹生産動態等調査」
144 高松地方気象台「香川県気象災害誌」1966年
145 香川県河川砂防課「香川県と土砂災害」https://www.pref.kagawa.lg.jp/content/etc/subsite/kagawa_sabo/outline/index.shtml

146 香川県防災会議「香川県地域防災計画　参考資料」2020年2月
147 国立防災科学技術センター「1976年台風第17号による兵庫県一宮町福知抜山地すべり, および香川県小豆島の災害調査報告」『主要災害調査』第13号、68pp、1977年
148 愛媛県防災会議「愛媛県地域防災計画（資料編）」2020年2月
149 一般社団法人四国クリエイト協会「四国災害アーカイブス」http://www.shikoku-saigai.com/
150 国土交通省四国地方整備局「四国防災八十八話」http://www.ccr.ehime-u.ac.jp/dmi/web88_0807/index.html
151 高知県「高知県災害異誌」160pp、1967年
152 高知地方気象台「過去の気象災害」https://www.jma-net.go.jp/kochi/koutinokisyou/kakosaigai/kakosaigai.html
153 香美市「語り継ぐとき　繁藤大災害から40年」『広報香美』2012年7月号、pp.2-3.
154 福岡管区気象台「福岡の気象百年」1991年
155 福岡県防災会議「福岡県地域防災計画（資料編）」2019年8月
156 高橋裕「河川環境の変貌」『第四紀研究』11巻、3号、pp.112-116、1972年
157 国土交通省九州地方整備局「筑後川水系河川整備計画」72pp、2006年
158 佐賀県「佐賀県災異誌97-1952年」1964年
159 佐賀県防災会議「佐賀県地域防災計画（風水害編）」2019年3月
160 佐賀県「伝えよう佐賀の歴史遺産」https://www.pref.saga.lg.jp/kiji00367777/3_67777_133437_up_8z1op784.pdf
161 鹿島市観光協会「鹿島おどり」https://saga-kashima-kankou.com/event/476
162 長崎海洋気象台編「長崎県気象災害誌」1952年
163 長崎県「長崎県の砂防」https://www.pref.nagasaki.jp/bunrui/machidukuri/kasen-sabo/pamphlet-kasen-sabo/
164 諫早市「諫早眼鏡橋『180の真実』」https://www.city.isahaya.nagasaki.jp/post69/56715.html
165 農林水産省「畜産物流調査」平成30年
166 熊本測候所「熊本県災異誌」1952年
167 熊本県防災会議「熊本県地域防災計画（資料編）」令和元年度修正
168「昭和二八年六月二六日熊本大水害記録」熊本市歴史文書資料室所蔵
169 大分測候所「大分県災害誌　資料編」169pp、1952年
170 大分地方気象台「大分県災異誌　第2編」1966年
171 大分県防災会議「大分県地域防災計画 風水害対策編」2019年8月
172 小倉妙子「高田輪中地区における水害と人々の暮らし」国立大学法人信州大学 教育学部 自然地理学研究室『2013年度地理学野外実習報告書Ⅵ　大分』pp.17-24、2015年
173 国土交通省「大野川の歴史」https://www.mlit.go.jp/river/toukei_chousa/kasen/jiten/nihon_kawa/0901_oono/0901_oono_01.html
174 宮崎地方気象台「宮崎県災異誌：西暦675-1965年」1967年
175 宮崎県防災会議「宮崎県地域防災計画　資料編」https://www.fdma.go.jp/bousaikeikaku/kyushu_okinawa/miyazaki/
176 稲田俊治・大森義彦・中平順・舟橋明男「野外活動時の事故分析と予防に関する研究．第1報　青井岳キャンプ中の洪水による溺死事故」『高知大学学術研究報告』第29巻、人文科学、pp.179-192、1981年
177 鹿児島県・鹿児島地方気象台「鹿児島県災異誌」1967年
178 鹿児島県防災会議「鹿児島県地域防災計画（資料編）」2019年4月
179 南日本新聞「土石流だ、列車離れて！」南日本新聞1993年8月9日付朝刊
180 沖縄県「沖縄県災異誌」533pp、1977年
181 沖縄地方気象台「沖縄気象台百年史　資料編」242pp、1992年
182 沖縄県防災会議「沖縄県地域防災計画」2018年3月
183 アリゾナ州立大学「World Meteorological Organization Global Weather & Climate Extremes Archive」https://wmo.asu.edu/content/world-meteorological-organization-global-weather-climate-extremes-archive
184 滋賀県立琵琶湖博物館 人と暮らしアルバム「風水害／明治29年琵琶湖洪水」

著者紹介

三隅 良平（みすみ・りょうへい）

▶1964年、福岡県生まれ。
防災科学技術研究所 水・土砂防災研究部門 部門長 総括主任研究員。
筑波大学 生命環境系 教授（連携大学院）、鹿児島大学 客員教授、東京理科大学 客員教授。
名古屋大学大学院理学研究科 大気水圏科学専攻 博士後期課程 修了。
博士（理学）（名古屋大学）。科学技術庁 防災科学技術研究所、文部科学省 研究開発局 開発企画課などを経て、2016年4月より現職。
専攻は気象学（雲物理学）で、災害を引き起こす激しい雨の発生機構や、降雪粒子のモデル化について研究している。
著書に『気象災害を科学する』『雨はどのような一生を送るのか』（ともにベレ出版）などがある。
趣味は天体観測（月面スケッチ）、水泳、相撲観戦など。

◉── DTP　スタジオ・ポストエイジ
◉── 本文図版　藤立 育弘
◉── 校正　曽根 信寿
◉── カバー・本文デザイン　新井 大輔

47都道府県 知っておきたい気象・気象災害がわかる事典

2020年10月25日　初版発行

著者	三隅 良平
発行者	内田 真介
発行・発売	ベレ出版 〒162-0832 東京都新宿区岩戸町12 レベッカビル TEL.03-5225-4790 FAX.03-5225-4795 ホームページ https://www.beret.co.jp/
印刷・製本	三松堂株式会社

ISBN 978-4-86064-633-2 C0044　　編集担当　永瀬 敏章

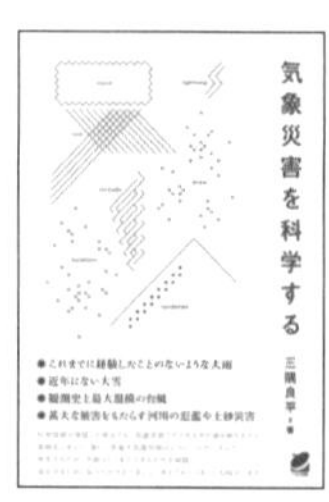

気象災害を科学する

三隅良平 著

四六並製／本体価格 1600 円（税別） ■ 272 頁

ISBN978-4-86064-394-2 C0043

「これまでに経験したことのないような大雨」、「近年にない大雪」、「観測史上最大規模の台風」「甚大な被害をもたらす河川の氾濫や土砂災害」……。科学技術が発展した現在でも、気象災害で亡くなる方が後を絶ちません。本書では、日本で発生した気象災害の事例をふまえて、激しい気象や気象災害はどういうメカニズムで発生するのか、予測はどこまでできるのかを解説。命を守るために私たちがするべきこと・考えておくべきことも紹介します。

ニュース・天気予報がよくわかる気象キーワード事典

筆保弘徳／山崎哲／中村哲／安成哲平／吉田龍二／釜江陽一／下瀬健一／大橋唯太／堀田大介 著

四六並製／本体価格 1600 円（税別） ■ 276 頁

ISBN978-4-86064-591-5 C0044

今後ますます注目される気象現象や、ニュースや天気予報で見たり聞いたりするけどよく知らない言葉など、気象の「いま」と「これから」がわかるキーワードを新進気鋭の気象研究者たちがやさしく深く解説! 災害を引き起こす現象や、異常気象、地球温暖化といったテーマから、研究や天気予報を支えるスーパーコンピュータのことまで、気になる話題が盛りだくさん! キーワードをただ解説するのでなく、背景知識を丁寧に紹介するページもあるので、深く詳しく学べるキーワード集です。

TEN-DOKU クイズで読み解く天気図

増田雅昭 著

四六並製／本体価格 1000 円（税別） ■ 148 頁

ISBN978-4-86064-538-0 C0044

新感覚「天気図クイズ」誕生! 天気を楽しんだり、災害から身を守ったりするための「天気力」がアップする天気クイズの本です。TBS テレビやラジオで活躍する、「天気が好きすぎる気象予報士」こと増田雅昭さんが厳選した、とびきりの天気図クイズが満載! 日本の特徴的な天気や、災害が起こるような危険な気圧配置のクイズのほかに、あの出来事のあった日の天気に関するクイズもあって飽きさせません!天気図の読み方についての丁寧な解説もあるので、「天気図なんて難しそう……」という方も大丈夫! 一冊やり終えるころには、アナタもちょっとした気象予報士に?

雨はどのような一生を送るのか

三隅良平 著

四六並製／本体価格 1700 円（税別） ■ 308 頁

ISBN978-4-86064-512-0 C0044

「雨はどのようにして降り、降った後はどこへ行くのか？」私たちにとっては常識とも思われるこの疑問に、科学者たちはずっと悩んできました。古代の科学者は水の循環をあれこれ想像し、現在の科学者は最新の技術を駆使し、雨の一生に迫ろうとしています。　本書は、研究の歴史を通して、雨が降るまでのメカニズム、そして、降った後もつづく地球をめぐる水の旅をわかりやすく解説します。日常の「当たり前」のなかに「なぜ?」と思う気持ちが芽生える、雨をめぐるサイエンスヒストリーを楽しむ一冊。

雲の中では何が起こっているのか

荒木健太郎 著

四六並製／本体価格 1700 円（税別） ■ 344 頁

ISBN978-4-86064-397-3 C0044

地球を覆う無数の雲。地球は雲の星です。雲の中では水や氷の粒が複雑に動き、日々の天気に大きな影響を与えています。身近な存在の雲ですが、雲の中には多くの謎が残されています。研究者たちは雲について理解しようと、手が届きそうで届かない雲を必死につかもうとしているのです。雲ができる仕組みから、ゲリラ豪雨などの災害をもたらす雲、雲と気候変動との関わりまで、雲を形づくる雲粒の研究者が雲の楽しみ方をあますことなく伝えます！

風はなぜ吹くのか、どこからやってくるのか

杉本憲彦 著

四六並製／本体価格 1800 円（税別） ■ 392 頁

ISBN978-4-86064-433-8 C0044

風は直接、目に見える現象ではありませんが、私たちの生活を大きく左右する天気の要素のひとつです。本書では、そんな風が吹く仕組みを解説します。海風・陸風やフェーン、ビル風といった身近な風から、やませやだし、おろしといった地域特有の風、偏西風などの地球規模の風、低気圧や台風の風、気候と風の関係、風の利用や予測など、風に関する話が満載。捉えどころのなさそうな、大気の流れを調べている研究者が、風の「姿」を捉える旅に招待します。

天気と気象について わかっていることいないこと

筆保弘徳／芳村圭／稲津將／吉野純／加藤輝之／茂木耕作／三好建正 著

四六並製／本体価格 1700 円（税別） ■ 280 頁

ISBN978-4-86064-351-5 C0044

「天気予報が当たらない」って思っている人、いませんか？　これだけ科学が発展しているのに、なぜ当たらないのだろうと、疑問に感じている人は、ぜひ本書をお読みください。本書は、気象学の分野で注目されている 7 つのトピックをとりあげ、それぞれの基本的なしくみや概念を解説し、最新の研究（気象学のフロンティア）を紹介します。気象学の最前線で活躍する研究者たちが、気象のおもしろさ、不思議さをお伝えします。ようこそ、空の研究室へ。

天気と海の関係について わかっていることいないこと

筆保弘徳／杉本周作／万田敦昌／和田章義／小田僚子／猪上淳／飯塚聡／川合義美／吉岡真由美 著

四六並製／本体価格 1800 円（税別） ■ 336 頁

ISBN978-4-86064-473-4 C0044

海が気象に影響を与えていることが少しずつわかってきました。南米沿岸の海面水温がいつもより高くなるエルニーニョは、日本に冷夏や暖冬をもたらすと考えられています。日本近海に目をうつしても、台風や梅雨前線の発達には海の存在が大きなカギを握っていますし、東京湾のような小さな海も内陸部の気象を左右します。このように海と気象は切っても切れない関係です。最前線で活躍する研究者たちが、海と気象の関係について迫ります。

台風について わかっていることいないこと

筆保弘徳／山田広幸／宮本佳明／伊藤耕介／山口宗彦／金田幸恵 著

四六並製／本体価格 1700 円（税別） ■ 246 頁

ISBN978-4-86064-555-7 C0044

毎年、台風は日本列島を襲い、各地にさまざまな爪痕を残します。日本で暮らすうえで、台風から逃れることはできません。そんな台風を、私たちはどこまで知っているのでしょうか。観測や予測技術が発達し、台風がどの方向に進むとか、これから台風が発生するとかといった予報を私たちも手に入れることができるようになってきました。しかし、台風には多くの謎がまだまだあります。「観測」「発生」「発達」「海との関係性」「予報」「温暖化の影響」というさまざまな切り口から台風について語りつくします。

地球温暖化で雪は減るのか増えるのか問題

川瀬宏明 著

四六並製／本体価格 1700 円（税別） ■ 256 頁

ISBN978-4-86064-603-5 C0044

日本には、日本海側を中心に、豪雪地帯と呼ばれる地域がたくさんあります。スキーやスノーボードで雪を楽しむ人もいれば、雪かきや雪下ろしに苦労する人、雪や雪解け水を農業などに利用する人もいます。そんな身近な雪の「これから」に大きく関わる存在なのが、地球温暖化です。気温が上がると、降雪は減ってしまうのでしょうか？　どうやら、そんな単純なことではないようなのです。日本でただ一人、雪と地球温暖化を専門に研究する著者が、雪と地球温暖化の関係に迫る!

シミュレート・ジ・アース　—未来を予測する地球科学

河宮未知生 著

四六並製／本体価格 1700 円（税別） ■ 268 頁

ISBN978-4-86064-562-5 C0044

将来のことが事前にわかっていれば、危険を回避したり、対策をたてたりできます。災害をもたらす極端な気象や、生態系や環境、社会に大きな影響を与えると言われている地球温暖化、命や財産を奪う地震や火山の噴火など……。地球科学の分野ではコンピュータシミュレーションを使って、「明日は何が起こるか?」「100 年後は何が起こるか?」などといった疑問に迫ろうとしています。地球の未来を予測する地球科学の最新トピックスを、ひとつひとつ丁寧に解説する、あなたの知的好奇心をくすぐる一冊。

天気予報はどのようにつくられるのか

古川武彦 著

四六並製／本体価格 1700 円（税別） ■ 248 頁

ISBN978-4-86064-597-7 C0044

私たちの暮らしは、天気の影響を大きく受けます。この先の予定を考える際に、天気予報を必ずチェックする方は多いと思います。また、相次ぐ気象災害や、遠い将来の話ではない地球温暖化も、生命や暮らしに直結する気になるテーマです。生きていくうえで必要不可欠な存在である天気予報。天気予報はどのようなプロセスを経て、私たちのもとに届くのでしょうか？　気象学や物理学の基礎から、観測や予測技術のことまで、気象庁で活躍した著者が「天気予報のいま」を紹介します。